Adobe 创意大学指定教材

U0324212

Fl

Adobe® 创意大学
Flash CS6 标准教材

 多媒体教学资源
● 本书实例的素材以及效果文件
● 本书550多分钟的实例同步高清视频教学

北京希望电子出版社　总策划
陈志民　编　著

北京希望电子出版社
Beijing Hope Electronic Press
www.bhp.com.cn

内 容 简 介

Flash 是 Adobe 公司的一款集多种功能为一体的多媒体制作软件，主要用于创建基于网络流媒体技术的带有交互功能的矢量动画。

本书内容丰富、全面，详细地讲解了 Flash CS6 的各项功能，包括快速入门、图形绘制、描边与填充图形、编辑图形对象、创建文本与编辑文本对象、"时间轴"面板、应用元件和库、制作简单的 Flash 动画、骨骼运动和 3D 动画、ActionScript 基础、ActionScript 3.0 应用、应用组件、应用视频和声音、测试与发布等内容。本书知识结构清晰，以"理论知识+实战案例"的形式循序渐进地对知识点进行讲解，版式设计新颖，对 Flash CS6 产品专家认证的考核知识在书中进行了加着重点的标注，使读者一目了然，方便初学者和有一定基础的读者更有效率地掌握 Flash CS6 的重点和难点。

本书知识讲解安排合理，着重于提升学生的岗位技能竞争力，可以作为参加"Adobe 创意大学产品专家认证"考试学生的指导用书，还可以作为各院校和培训机构"数字媒体艺术"相关专业的教材。

书中实例的素材、效果文件以及视频教学文件可以通过微信公众号和微博获取（详见封底说明），读者可以在学习过程中随时调用，随书不再配备光盘。

图书在版编目（CIP）数据

Flash CS6 标准教材 / 陈志民编著. —北京：北京希望电子出版社，2013.4

（Adobe 创意大学系列）

ISBN 978-7-83002-090-3

Ⅰ. ①F… Ⅱ. ①陈… Ⅲ. ①动画制作软件－教材 Ⅳ. ①TP391.41

中国版本图书馆 CIP 数据核字（2013）第 017836 号

出版：北京希望电子出版社	封面：韦 纲
地址：北京市海淀区上地 3 街 9 号 　　　金隅嘉华大厦 C 座 611	编辑：韩宜波 刘志燕
	校对：刘 伟
邮编：100085	开本：787mm×1092mm 1/16
网址：www.bhp.com.cn	印张：19.5
电话：010-62978181（总机）转发行部 　　　010-82702675（邮购）	字数：462 千字
传真：010-82702698	印刷：北京建宏印刷有限公司
经销：各地新华书店	版次：2020 年 8 月 1 版 4 次印刷

定价：42.00 元

丛书编委会

主　任： 王　敏

编委（或委员）： （按照姓氏字母顺序排列）

本书编委会

主　编： 北京希望电子出版社

编　者： 陈志民

审　稿： 韩宜波　　刘志燕

丛 书 序

  文化创意产业是社会主义市场经济条件下满足人民多样化精神文化需求的重要途径，是促进社会主义文化大发展大繁荣的重要载体，是国民经济中具有先导性、战略性和支柱性的新兴朝阳产业，是推动中华文化走出去的主导力量，更是推动经济结构战略性调整的重要支点和转变经济发展方式的重要着力点。文化创意人才队伍是决定文化产业发展的关键要素，有关统计资料显示，在纽约，文化产业人才占所有工作人口总数的12%，伦敦为14%，东京为15%，而像北京、上海等国内一线城市还不足1%。发展离不开人才，21世纪是"人才世纪"。因此，文化创意产业的快速发展，创造了更多的就业机会，急需大量优秀人才的加盟。

  教育机构是人才培养的主阵地，为文化创意产业的发展注入了动力和新鲜血液。同时，文化创意产业的人才培养也离不开先进技术的支撑。Adobe®公司的技术和产品是文化创意产业众多领域中重要和关键的生产工具，为文化创意产业的快速发展提供了强大的技术支持，带来了全新的理念和解决方案。使用Adobe产品，人们可尽情施展创作才华，创作出各种具有丰富视觉效果的作品。其无与伦比的图形图像功能，备受网页和图形设计人员、专业出版人员、商务人员和设计爱好者的喜爱。他们希望能够得到专业培训，更好地传递和表达自己的思想和创意。

  Adobe®创意大学计划正是连接教育和行业的桥梁，承担着将Adobe最新技术和应用经验向教育机构传导的重要使命。Adobe®创意大学计划通过先进的考试平台和客观的评测标准，为广大合作院校、机构和学生提供快捷、稳定、公正、科学的认证服务，帮助培养和储备更多的优秀创意人才。

  Adobe®创意大学标准系列教材，是基于Adobe核心技术和应用，充分考虑到教学要求而研发的、全面、科学、系统而又深入地阐述了Adobe技术及应用经验，为学习者提供了全新的多媒体学习和体验方式。为准备参与Adobe®认证的学习者提供了重点清晰、内容完善的参考资料和专业工具书，也为高层专业实践型人才的培养提供了全面的内容支持。

  我们期待这套教材的出版，能够更好地服务于技能人才培养、服务于就业工作大局，为中国文化创意产业的振兴和发展做出贡献。

北京中科希望软件股份有限公司董事长 周明陶

序

Adobe®是全球最大、最多元化的软件公司之一，旗下拥有众多深受客户信赖的软件品牌,以其卓越的品质享誉世界，并始终致力于通过数字体验改变世界。从传统印刷品到数字出版，从平面设计、影视创作中的丰富图像到各种数字媒体的动态数字内容，从创意的制作、展示到丰富的创意信息交互，Adobe解决方案被越来越多的用户所采纳。这些用户包括设计人员、专业出版人员、影视制作人员、商务人员和普通消费者。Adobe产品已被广泛应用于创意产业各领域，改变了人们展示创意、处理信息的方式。

Adobe®创意大学（Adobe® Creative University）计划是Adobe联合行业专家、教育专家、技术专家，基于Adobe最新技术，面向动漫游戏、平面设计、出版印刷、网站制作、影视后期等专业，针对高等院校、社会办学机构和创意产业园区人才培养，旨在为中国创意产业生态全面升级和强化创意人才培养而联合打造的教育计划。

2011年中国创意产业总产值约3.9万亿元人民币，占GDP的比重首次突破3%，标志着中国创意产业已经成为中国最活跃、最具有竞争力的重要支柱产业之一。同时，中国的创意产业还存在着巨大的市场潜力，需要一大批高素质的创意人才。另一方面，大量受到良好传统教育的大学毕业生由于没有掌握与创意产业相匹配的技能，在走出校门后需要经过较长时间的再次学习才能投身创意产业。Adobe®创意大学计划致力于搭建高校创意人才培养和产业需求的桥梁，帮助学生提高岗位技能水平，使他们快速、高效地步入工作岗位。自2010年8月发布以来，Adobe®创意大学计划与中国200余所高校和社会办学机构建立了合作，为学员提供了Adobe®创意大学考试测评和高端认证服务，大量高素质人才通过了认证并在他们心仪的工作岗位上发挥出才能。目前，Adobe®创意大学已经成为国内最大的创意领域认证体系之一，成为企业招纳创意人才的最重要的依据之一，累计影响上百万人次，成为中国文化创意类专业人才培养过程中一个积极的参与者和一支重要的力量。

我祝愿大家通过学习由北京希望电子出版社编著的"Adobe®创意大学"系列教材，可以更好地掌握Adobe的相关技术，并希望本系列教材能够更有效地帮助广大院校的老师和学生，为中国创意产业的发展和人才培养提供良好的支持。

Adobe祝中国创意产业腾飞，愿与中国一起发展与进步！

Adobe大中华区董事总经理 黄耀辉

前 言

一、Adobe®创意大学计划

　　Adobe®公司联合行业专家、行业协会、教育专家、一线教师、Adobe技术专家，面向国内游戏动漫、平面设计、出版印刷、eLearning、网站制作、影视后期、RIA开发及其相关行业，针对专业院校、培训领域和创意产业园区创意类人才的培养，以及中小学、网络学院、师范类院校师资力量的建设，基于Adobe核心技术，为中国创意产业生态全面升级和教育行业师资水平以及技术水平的全面强化而联合打造的全新教育计划。

　　详情参见Adobe®教育网：www.Adobecu.com。

二、Adobe®创意大学考试认证

　　Adobe®创意大学考试认证是Adobe®公司推出的权威国际认证，是针对全球Adobe软件的学习者和使用者提供的一套全面科学、严谨高效的考核体系，为企业的人才选拔和录用提供了重要和科学的参考标准。

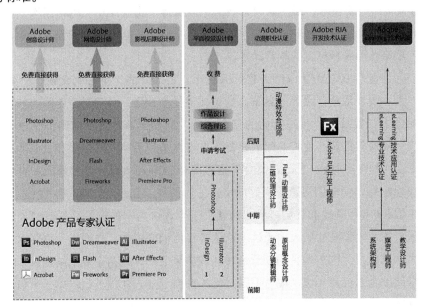

三、Adobe®创意大学计划标准教材

　　—《Adobe®创意大学Photoshop CS6标准教材》
　　—《Adobe®创意大学InDesign CS6标准教材》
　　—《Adobe®创意大学Dreamweaver CS6标准教材》
　　—《Adobe®创意大学Fireworks CS6标准教材》
　　—《Adobe®创意大学Illustrator CS6标准教材》
　　—《Adobe®创意大学After Effects CS6标准教材》
　　—《Adobe®创意大学Flash CS6标准教材》
　　—《Adobe®创意大学Premiere Pro CS6标准教材》

编著者

第1章
Flash CS6快速入门

Flash CS6是Adobe公司推出的Flash软件的最新版本。它是一款优秀的动画软件。简单的操作，强大的功能，使越来越多的人都喜欢使用Flash进行创作。本章将向读者介绍有关Flash的一些基本知识，为学习后面的Flash动画制作打下基础。

学习要点

- 了解Flash动画的特点以及应用领域
- 了解Flash CS6的工作界面
- 掌握Flash CS6的文件操作

- 了解动画属性设置
- 掌握场景的基本操作
- 了解各种辅助工具

1.1 Flash动画基础知识

Flash是目前应用最广泛的动画设计与制作软件，在各种商业动画设计领域中，具有无可替代的地位。本节将介绍Flash的一些基础知识。

▶ 1.1.1 Flash动画的特点

在网络动画软件竞争日益激烈的今天，Flash动画之所以能够成为风靡全球的动画格式，和它自身鲜明的特点是密不可分的。下面主要介绍Flash动画的几类特点。

- **存储容量小：** 因为Flash动画主要由矢量图形组成，所以不管在缩放多少倍的时候都不会影响到画面的清晰度。
- **交互性强：** 内置ActionScript语言，可以为Flash动画添加交互动作。用户不仅能够欣赏到动画，还可以通过鼠标进行交互，这是传统动画无法实现的。
- **便于网络传播：** Flash动画放置在网络上，由于其具有存储容量小的特点，所以传输速度快。比如采用流式技术，可以边下载便播放。因此，Flash动画非常适合网络传播。
- **制作成本低：** Flash动画极大地降低了制作成本，大大减少了人力、物力资源的消耗。同时，在制作周期上也比传统动画大大缩短。
- **简便易学：** Flash动画的制作比较简单，一个爱好者只要掌握一定的软件知识，拥有一台电脑、一套软件就可以制作出Flash动画。
- **跨媒介多维传播：** Flash作为一种新时代的艺术表现形式，不仅可以在网络上传播，同时也可以在传统媒体与新兴媒体中播放，拓宽了Flash的应用领域。

▶ 1.1.2 Flash CS6的新增功能

- **HTML的新支持：** 以Flash Professional CS6的核心动画和绘图功能为基础，利用新的扩展功能创建交互式HTML内容。
- **生成Sprite表单：** 导出动画序列，以快速生成Sprite表单，协助改善游戏体验和性能。
- **锁定3D场景：** 增强渲染效果。
- **高级绘制工具：** 增加了智能形状和设计工具，能更精确有效地绘制图稿。

▶ 1.1.3 应用领域

随着Flash技术的不断发展，其应用的领域也越来越广泛。目前已经有不计其数的Flash作品在网络中运用。下面分别介绍Flash在以下几个领域的应用。

- **网页设计：** 用Flash制作的片头动画可以大大提升网站的视觉冲击力。此外，很多网站上的Logo和Banner都是Flash动画。如图1-1所示。
- **网页广告：** Flash恰到好处地满足了网页广告短小、精悍、表现力强的特点。因此，Flash广告成为了当今网络广告界的时尚。如图1-2所示。

图1-1　网页设计

- 网络动画：由于利用Flash制作的作品非常适合在网络中传输，因此给广大Flash爱好者提供了一个展现自我的平台。如图1-3所示。

图1-2　网页广告

图1-3　网络动画

- 网络在线小游戏：一些公司利用Flash开发小游戏，如图1-4所示。
- 多媒体课件：目前Flash已被越来越多的师生所熟识，也越来越广泛地被应用到多媒体教学中，使得课件功能更加完善，更加丰富多彩。如图1-5所示。

图1-4　网络在线小游戏

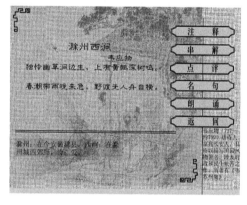

图1-5　多媒体课件

1.1.4　制作流程

1. 传统动画制作流程

一部传统动画片的制作大致分为前期、中期和后期三部分。

（1）前期是动画的筹备阶段，筹备阶段的工作如下。

- 企划。
- 研究文学剧本。
- 撰写导演阐述。
- 撰写文字分镜脚本。
- 制作画面分镜头脚本。
- 设计角色造型、场景和影片风格。
- 完成先期录音。
- 进行动画风格试验和摄影试验。

（2）中期就是动画绘制阶段，绘制阶段的工作如下。

- 理解分镜头。
- 绘制原画。
- 绘制动画。
- 镜头描线。
- 线条校对。
- 镜头上色。
- 镜头画面校对。

（3）后期为影片输出阶段，输出阶段的工作如下。

- 样片剪辑。
- 录制对白和音效。
- 合成对白、音效和背景音乐。
- 检验影片输出。

传统动画的这一系列操作会涉及到很多的软件和技术。

2. Flash动画制作流程

Flash动画制作可以将中期制作和后期制作都放置在Flash软件中来完成，在中间可以省去很多繁复的步骤。具体流程如下。

- 录制声音。
- 建立和设置影片文件。
- 绘制动画线稿和上色。
- 动画编排。
- 添加特效、合成并添加音效。
- 发布影片。

▶ 1.1.5 基本术语

在正式学习Flash CS6之前，可以先学习一些文件的格式、动画基本术语等，这样就不会在一些小问题上浪费时间。

1. 文件类型

在Flash中，可以使用多种文件类型，每种类型都有不同的用途，下面介绍每种文件类型及其用途。

- FLA：FLA文件包含Flash文档的媒体、时间轴和脚本基本信息。
- SWF：SWF文件是FLA的压缩版本，可以直接播放，也可以直接应用到网页中。
- AS：AS是指ActionScript文件。将ActionScript代码保存在FLA文件以外的位置，有助于代码的管理。
- SWC：包含可重新使用的Flash组件，类似ZIP文件。
- ASC：数据库，用于存储将在运行Flash Communication Server的计算机上执行的ActionScript文件。
- JSFL：用于向Flash创作工具添加新功能的JavaScript文件。

2. Flash术语

在Flash动画制作中，掌握和制作步骤有关的术语有利于快速理解动画制作的原理。

- 场景：场景是Flash动画创作的主要场所，是放置图形内容的区域，包括矢量插图、文本框、按钮、导入的位图图形或视频剪辑等。可以在工作时放大或缩小以更改场景的视图。
- 帧：帧又分为关键帧和普通帧。帧是进行Flash动画制作的最基本单位。关键帧是在其中定义了对动画的对象属性所做的更改，用来定义动画变化、改变状态的帧。如图1-6所示，时间轴上显示实心的圆点为关键帧，两个关键帧中间部分为普通帧。

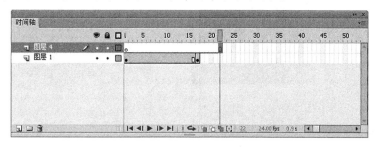

图1-6　普通帧与关键帧

- 图层：图层可以在舞台上一层层地向上叠加，可以帮助组织文档中的插图。可以在图层上绘制和编辑对象，而不影响其他图层上的对象。图层是透明的。

1.2　Flash CS6的工作界面

　　Flash CS6的工作界面进行了许多改进，图像处理区域更加开阔，文档的切换也更加方便快捷。

　　执行"开始"｜"程序"｜"Adobe Flash Professional CS6"命令，启动Flash CS6。当第一次启动Flash CS6时会出现开始页，在开始页中可以选择新建项目、模板及最近打开的项目，如图1-7所示。

- 从模板创建：在该区域中可选择一个已保存的Flash动画文档，作为模板进一步编辑、输出。
- 打开最近的项目：该区域含有最近打开过的文档，方便用户快速打开它们。
- 新建：在该区域，用户可根据需要快速新建不同的文档类型。

图1-7　开始页

- 扩展：从该选项可以打开Flash Exchange页面，该页面提供了Adobe出品的众多软件的扩展程序、动作文件、脚本、模板等下载资源。
- 学习：可以在浏览器中查看Adobe公司提供的Flash学习课程。
- 不再显示：选中该复选框，可以使以后启动Flash CS6时不再显示开始页。

选择"新建"栏目下的"ActionScript 3.0"选项，进入Flash CS6的工作界面，如图1-8所示。

- 菜单栏：菜单栏是Flash的命令集合，几乎所有的可执行命令都能在这里找到相应的操作选项。
- 绘图工作区：动画显示区域，可以编辑和修改动画。
- 时间轴：时间轴是动画制作中操作最频繁的面板之一。
- "属性"面板和浮动面板：用于配合场景、元件的编辑和Flash的功能设置。

- 工具箱：几乎制作动画的工具都在这里面，是Flash中重要的面板之一。

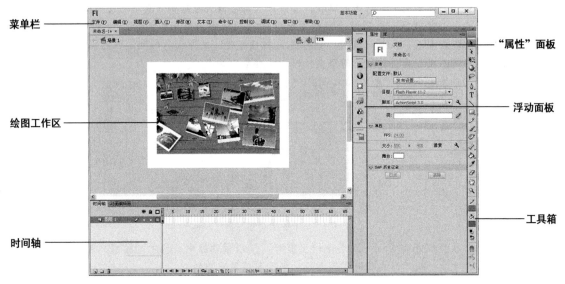

图1-8　Flash CS6的默认工作界面

1.2.1　菜单栏

在菜单栏中可以执行Flash的大多数功能操作。菜单栏中包含"文件"、"编辑"、"视图"、"插入"、"修改"、"文本"、"命令"、"控制"、"调试"、"窗口"和"帮助"11个菜单项，如图1-9所示。在单击某一个菜单后会弹出相应的下拉菜单，在下拉菜单中选择各项命令即可执行此命令。

文件(F)　编辑(E)　视图(V)　插入(I)　修改(M)　文本(T)　命令(C)　控制(O)　调试(D)　窗口(W)　帮助(H)

图1-9　菜单栏

- 打开菜单：在Flash中单击一个菜单名称，即可打开该菜单。在菜单中，采用分割线区分不同功能的命令，带有黑色三角标记的命令表示包含扩展菜单。
- 执行菜单中的命令：选择菜单中的一个命令，单击即可执行该命令，如果命令后面带有快捷键，则按其对应的快捷键，可快速执行该命令。例如，执行"编辑"|"撤销"命令，即可撤销当前操作步骤。

> 🔍 提　示
>
> Flash的默认撤销次数为100，可以在"首选参数"对话框中选择的撤销次数为2～9999，可设置的撤销级别数为2～300。

1.2.2　工具箱

工具箱是Flash中重要的面板，其中含有制作动画必不可少的工具，主要包括选择工具、绘图工具、颜色填充工具、查看工具、颜色选择工具和工具属性6部分，用于进行矢量图形的绘制和编辑，如图1-10所示。

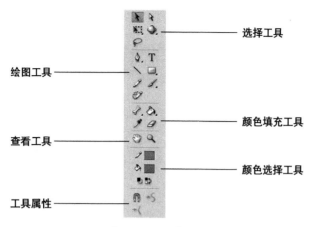

图1-10　工具箱

- 选择工具：包括选择工具、部分选择工具、任意变形工具、3D旋转工具和套索工具，利用这些工具可对舞台中的对象进行选择、变化等操作。
- 绘图工具：包括钢笔工具、文本工具、线条工具、矩形工具组、铅笔工具、刷子工具和Deco工具，用户可以通过组合使用这些工具，绘制出理想的图形。
- 颜色填充工具：包括骨骼工具组、颜料桶工具、滴管工具以及橡皮擦工具，这些工具可对所绘制的图形的颜色等进行调整。
- 查看工具：手形工具用于调整视图区域，缩放工具用于放大或缩小舞台。
- 颜色选择工具：主要用于笔触和填充的颜色设置和调整。
- 工具属性：该选项区是动态区域，随着用户使用的工具不同，可以显示不同的选项，用于设置工具的相关参数。

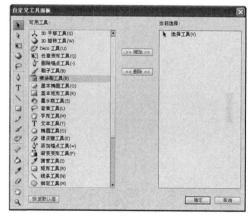

如要向某工具组添加新的工具，执行"编辑"|"自定义工具面板"命令，弹出"自定义工具面板"对话框，如图1-11所示，选择要添加的工具，单击"增加"按钮，添加完成后单击"确定"按钮即可。

图1-11　"自定义工具面板"对话框

1.2.3　时间轴

时间轴是Flash使用最频繁的面板之一，是进行动画编辑的基础。时间轴用于显示影片长度、帧内容及影片结构等信息，如图1-12所示，时间轴大致分为两个区域，左侧用于"图层"的编辑与调整，右侧主要用于执行插入帧或补间等操作。

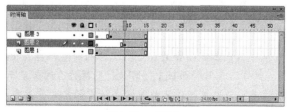

图1-12　时间轴

▶ 1.2.4 场景和舞台

场景和舞台又被称为"绘图工作区"，舞台中包含的图形内容就是在完成的Flash影片播放时所显示的内容，如图1-13所示。

图1-13 场景和舞台

▶ 1.2.5 "属性"面板

"属性"面板是动态面板，可以根据所选对象的不同，显示其相应的属性信息并进行编辑，如图1-14所示。

图1-14 "属性"面板

▶ 1.2.6 浮动面板

浮动面板由各种不同功能的面板组成，如"库"面板、"对齐"面板等。通过面板的显示、隐藏、组合、摆放，可以自定义工作界面。在"窗口"菜单中选择要显示的浮动面板，即可在软件窗口中显示更多的浮动面板。下面介绍几个浮动面板。

- 历史记录："历史记录"面板显示自创建或打开某个文档以来该活动文档中执行的步骤的列表，列表中的步骤数目最多为指定的最大步骤数。执行"窗口"|"其他面板"|"历史记录"命令，即可显示"历史记录"面板，如图1-15所示。使用"历史记录"面板可以方便地撤销和重做相关操作，默认的撤销次数为100，也可自定义设置（可设置的撤销级别数为2～300）。如果撤销了一个步骤或一系列步骤，然后又在文档中执行了某些新步骤，那么已撤销的步骤将从面板中消失。
- 影片浏览器：使用影片浏览器可以查看和组织文档的内容，并在文档中选择元素进行修改，如图1-16所示。在"影片浏览器"面板里，可执行的操作有选择显示文档哪些类别的项目、将所选类别显示为场景或元件定义、按名称搜索文档中的元素、熟悉其他程序员创建的Flash文档结构、展开和折叠导航树以及查找特定元件或动作的所有实例等。

- 库：库是存储和组织在Flash中创建以及导入的各种元件的地方，包括位图图形、声音文件和视频剪辑，如图1-17所示。在"库"面板中，可以在文件夹中组织库项目、查看项目在文档中的使用频率以及按照名称、类型、日期、使用次数或ActionScript链接标识符对项目进行排序。

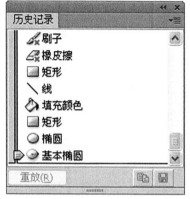

图1-15 "历史记录"面板

图1-16 "影片浏览器"面板

图1-17 "库"面板

实例：自定义工作界面

源 文 件：	源文件\第1章\自定义工作界面.fla
视频文件：	视频\第1章\1-2自定义工作界面.avi

用户可以根据自己的操作习惯来自定义工作界面，操作步骤如下。

01 执行"开始"｜"程序"｜"Adobe Flash Professional CS6"命令，启动Flash CS6，进入Flash开始页，如图1-18所示。

02 选择"新建"栏目下的"ActionScript 3.0"选项，进入Flash CS6的工作界面，如图1-19所示。

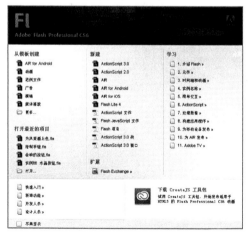

图1-18 开始页

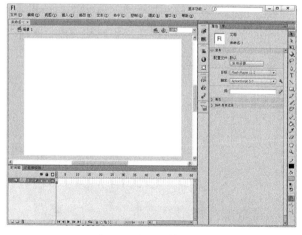

图1-19 初始工作界面

03 将鼠标指针放在工具箱上方，如图1-20红色线框所示。按住鼠标左键不放并拖动鼠标，即可将工具箱拖出来，如图1-21所示。

04 按住鼠标左键不放将工具箱拖至工作界面左侧，当界面左侧显示如图1-22红线框内所示时，松开鼠标，即可将工具箱放置到工作界面左侧，如图1-23所示。

图1-20　工具箱

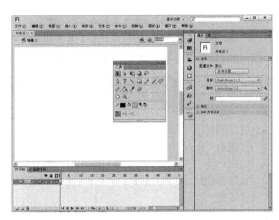

图1-21　拖出工具箱

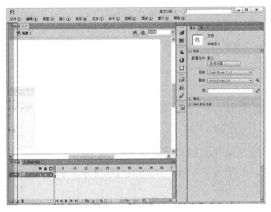

图1-22　移动工具箱

图1-23　移动工具箱至工作界面左侧

05 将鼠标指针放置在工具箱面板和场景面板的交界处，鼠标指针将变为双向箭头，此时按住鼠标左键向左拖动至合适位置，松开鼠标左键，即可调整工具箱面板的大小，如图1-24所示。

06 用同样的方法将"属性"面板移至"库"面板下方，如图1-25所示。

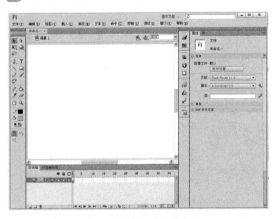

图1-24　调整工具箱大小

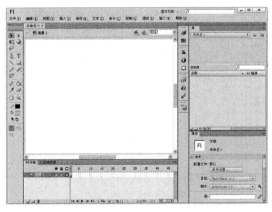

图1-25　移动"属性"面板

07 单击浮动面板右上角的"展开面板"按钮，如图1-26红线框内所示，即可展开浮动面板，如图1-27所示。

08 将浮动面板拖出来，然后单击浮动面板上面的"关闭"按钮 ✕，将浮动面板关闭，自定义工作界面操作完成，如图1-28所示。

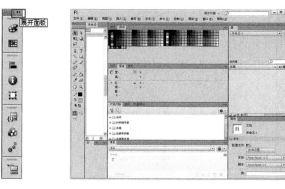

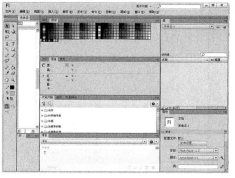

图1-26 "展开
面板"按钮

图1-27 展开浮动面板

图1-28 自定义工作界面

1.3 Flash CS6的文件操作

本节主要介绍Flash文档的新建、打开、保存和关闭等基本操作。掌握文档的基本操作能够提高设计师的工作效率。

▶ 1.3.1 新建文件

在Flash CS6中，有多种方法可以新建影片文件，主要包括通过"开始页"创建文件和使用"新建"命令创建文件两种方式，下面介绍通过"新建"命令新建文档的方法。

使用"新建"命令新建影片文件，具体操作步骤如下。

01 执行"文件"|"新建"命令，弹出"新建文档"对话框，如图1-29所示。

02 在"新建文档"对话框中选择要创建的文件类型，单击"确定"按钮，即可新建一个空白文档，如图1-30所示。

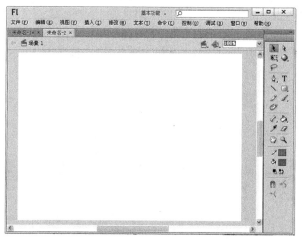

图1-29 "新建文档"对话框

图1-30 空白文档

第二种是从模板新建影片文件，下面将通过实例来介绍从模板新建影片文件的方法。

实例：新建模板文件

源 文 件:	源文件\第1章\新建模板文件.fla
视频文件:	视频\第1章\1-3新建模板文件.avi

新建模板文件的操作步骤如下。

01 执行"文件"|"新建"命令，弹出"新建文档"对话框，选择"模板"选项卡，切换到"从模板新建"对话框，如图1-31所示。

02 选择"类别"列表中的"横幅"选项，在"模板"列表中选择"160×600简单按钮AS2"选项，如图1-32所示。

03 单击"确定"按钮，即可新建长和宽分别为160和600的垂直矩形横幅文档，如图1-33所示。

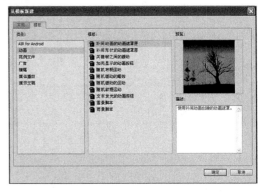

图1-31 "从模板新建"对话框

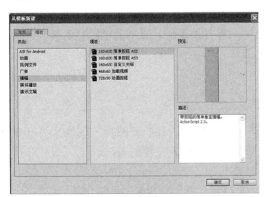

图1-32 选择模板

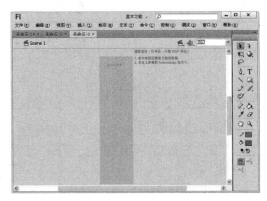

图1-33 横幅文档

1.3.2 保存文件

完成文档编辑之后，还需要对其进行保存。保存文档的具体操作步骤如下。

01 执行"文件"|"保存"命令，如图1-34所示。在第一次保存文档的时候会弹出一个对话框，如图1-35所示。

图1-34 执行"保存"命令

图1-35 "另存为"对话框

02 在"文件名"文本框中输入文档名称。

03 在"保存类型"下拉列表中选择文件类型，完成后单击"保存"按钮即可。

提 示

如果文档已经保存过，还需要再次保存，在执行"保存"命令后，文档会自动保存而不会弹出对话框。在实际操作中，使用快捷键Ctrl+S可以快速保存文档，提高效率。

1.3.3 打开文件

打开文件的具体操作步骤如下。

01 执行"文件"|"打开"命令，弹出"打开"对话框，如图1-36所示。

02 在"查找范围"下拉列表中选择文件路径，选择要打开的Flash文件。

03 单击"打开"按钮，即可打开选择的Flash文件。

图1-36 "打开"对话框

1.4 动画属性设置

动画属性设置对动画片和动画设计师来说相当重要，阅读本节后，读者可了解文档属性、舞台显示比例的设置等知识。

1.4.1 文档属性

设置好文档的属性是制作Flash动画的首要任务，文档的尺寸大小、背景颜色和帧频都与文档属性有关。

01 新建一个Flash空白文档，执行"修改"|"文档"命令，打开"文档设置"对话框，如图1-37所示。

02 在该对话框中将"尺寸"设置为1024像素（宽）×768像素（高），如图1-38所示。

图1-37 "文档设置"对话框

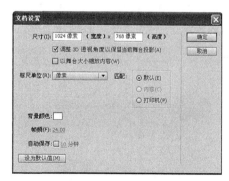

图1-38 设置文档尺寸

03 单击"背景颜色"后的颜色框□，在弹出的"颜色"选择框里设置文档背景颜色，这里选择淡黄色，如图1-39所示。

04 在"帧频"文本框中可以设置动画的帧频，这里输入"12"，如图1-40所示。输入的数字表示每秒播放的动画帧数，"12"表示1秒钟播放12帧动画。

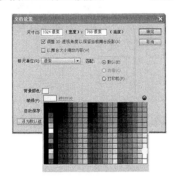

图1-39　设置文档背景颜色

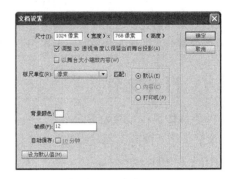

图1-40　设置动画帧频

05 "自动保存"是Flash CS6的新功能。选中该复选框，如图1-41所示，可以帮助设计师自动存档，减少数据丢失带来的损失。

06 设置完成后单击"确定"按钮，Flash中的舞台如图1-42所示。

图1-41　设置自动保存

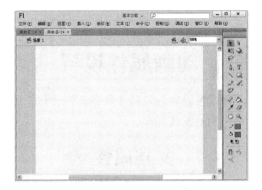

图1-42　完成设置的空白文档

▶ 1.4.2　舞台显示比例

为了设计出更为细腻的Flash作品，设计师经常需要放大或缩小舞台显示比例，如图1-43红线框内所示。除了在下拉菜单中提供的选项外，用户还可以自定义输入文档的显示比例，如图1-44红线框内所示。

图1-43　舞台显示比例1

图1-44　舞台显示比例2

1.5 场景的基本操作

场景是编辑Flash动画文件过程中的主要场所之一，如同一出话剧的一幕，包括所用到的图层、元件和动画所需要的一切元素。本节将学习如何添加、删除和重命名场景。

▶ 1.5.1 添加场景

执行"插入"|"场景"命令，即可添加新的空白场景。另外，也可以执行"窗口"|"其他面板"|"场景"命令，调出"场景"面板，如图1-45所示，单击"添加场景"按钮 添加场景。

▶ 1.5.2 删除场景

在"场景"面板中，选择要删除的场景，如图1-46所示，单击"删除场景"按钮 ，即可删除场景。

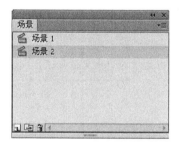

图1-45 "场景"面板

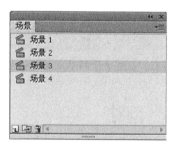

图1-46 选择场景

▶ 1.5.3 重命名场景

在"场景"面板中，选择要重命名的场景，双击鼠标，输入场景名，如图1-47所示，完成之后按Enter键即可。

图1-47 重命名场景

1.6 应用辅助工具

在Flash中绘图时，用户可以使用辅助工具来精确定位舞台中的元素，使画面更规整严谨。本节将学习标尺、网格和辅助线等辅助工具。

▶ 1.6.1 标尺

Flash默认的工作界面是不会显示标尺的，要在Flash中显示标尺，需执行"视图"|"标尺"

命令，如图1-48所示。

图1-48　显示标尺

> **提 示**
>
> 显示标尺后，在舞台上移动元素时，在标尺上会显示出元素的边框定位线。

1.6.2　网格

Flash默认的工作界面也是不显示网格的，使用"网格"命令，可以为工作区添加网格，方便用户编辑动画。执行"视图"|"网格"|"显示网格"命令，即可在舞台上显示网格，如图1-49所示。

如果要对网格的参数进行设置，可以执行"视图"|"网格"|"编辑网格"命令，打开"网格"对话框，如图1-50所示，然后在该对话框中进行操作即可。

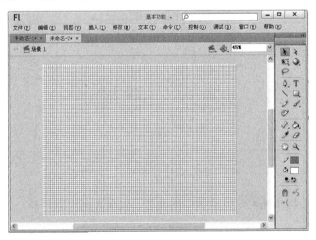

图1-49　显示网格

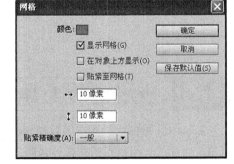

图1-50　"网格"对话框

下面介绍"网格"对话框中的各项参数。

- 颜色：设置网格线的颜色。

- 显示网格：选中该复选框即可显示网格。
- 在对象上方显示：选中该复选框后，网格将显示在舞台对象的上方。
- 贴紧至网格：选中该复选框后，在拖动工作区内的元件时，如果元件的边缘靠近网格线，就会自动吸附到网格线上。
- 网格宽度 ↔：设置网格中每个单元格的宽度。
- 网格高度 ↕：设置网格中每个单元格的高度。
- 贴紧精确度：设置对象在贴紧网格线时的精确度。

▶ 1.6.3 辅助线

在工作区内添加辅助线可以帮助用户定位动画元素。启用标尺工具后，鼠标指针对着标尺，按住鼠标左键不放拖到舞台内，即可添加一条绿色的辅助线，如图1-51所示。

添加好辅助线后，还可以对辅助线的一些属性进行编辑。执行"视图"|"辅助线"|"编辑辅助线"命令，打开"辅助线"对话框，如图1-52所示。

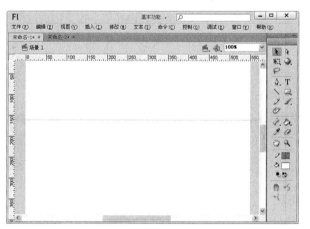

图1-51　添加辅助线　　　　　　　图1-52　"辅助线"对话框

下面介绍"辅助线"对话框内的各项参数。

- 颜色：设置辅助线的颜色。
- 显示辅助线：选中该复选框，即可显示辅助线；取消选中该复选框，即可隐藏工作区内的辅助线。
- 贴紧至辅助线：选中该复选框后，在拖动舞台上的对象时，如果靠近辅助线，其边缘会自动吸附到辅助线上。
- 锁定辅助线：选中该复选框后，添加好的辅助线将无法拖动。
- 贴紧精确度：设置对象在贴紧辅助线时的精确度。
- "全部清除"按钮：单击该按钮，可以清除工作区内的所有辅助线。

实例：使用辅助线

源 文 件：	源文件\第1章\使用辅助线.fla
视频文件：	视频\第1章\1-6使用辅助线.avi

本实例将介绍如何使用辅助线放置红色五角星，顶点对齐到坐标（300，90）上，如图1-53所示。

01 绘制图形对象，如图1-54所示。

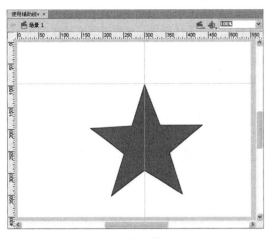

图1-53　使用辅助线

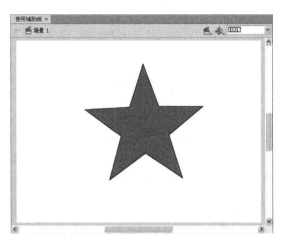

图1-54　绘制五角星

02 执行"视图"|"标尺"命令，显示标尺，如图1-55所示。

03 将鼠标指针放置在舞台左侧的标尺上，按住鼠标左键不放并拖至舞台中，拖出辅助线对齐舞台上方标尺上的刻度为300，如图1-56所示。

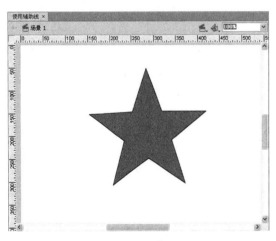

图1-55　显示标尺

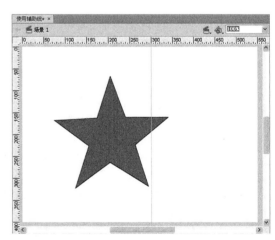

图1-56　添加一条辅助线

04 将鼠标指针放置在舞台上方的标尺上，按住鼠标左键不放并拖至舞台中，拖出辅助线对齐舞台左侧标尺上的刻度为90，如图1-57所示。

05 移动图形对象，使五角星的顶点对齐至辅助线的交点，如图1-58所示。

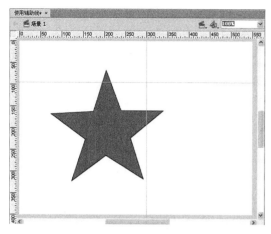

图1-57 添加第二条辅助线

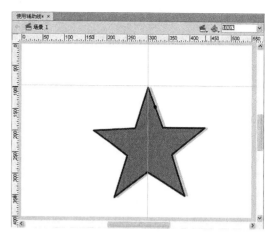

图1-58 移动五角星

1.7 拓展练习——设置辅助线的颜色

源　文　件:	源文件\第1章\红色辅助线.fla
视频文件:	视频\第1章\1-7红色辅助线.avi

本实例将介绍如何将辅助线的颜色设置为红色，如图1-59所示。

01 新建一个文档，如图1-60所示。

02 执行"视图"|"标尺"命令，显示标尺，如图1-61所示。

03 拖出辅助线，如图1-62所示。

04 执行"视图"|"辅助线"|"编辑辅助线"命令，弹出"辅助线"对话框，如图1-63所示。

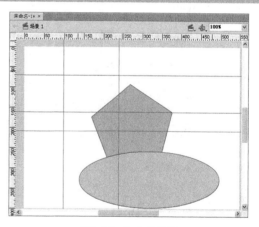

图1-59 红色辅助线

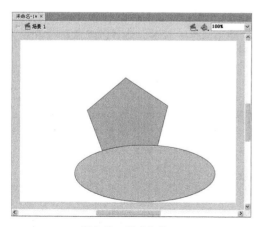

图1-60 新建文档

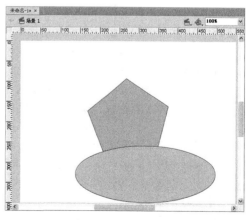

图1-61 显示标尺

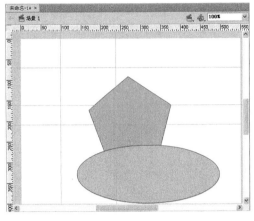

图1-62　拖出辅助线

图1-63　"辅助线"对话框

05 单击"颜色"后面的色块，选择红色，如图1-64所示，即可将辅助线设置为红色，如图1-65所示。

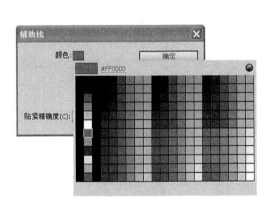

图1-64　选择红色

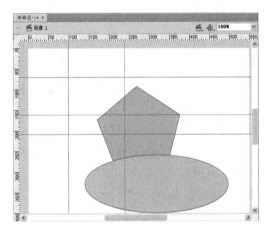

图1-65　红色辅助线

1.8 本章小结

　　在本章中主要介绍了Flash的特点，认识了Flash操作界面，介绍了Flash CS6的文档操作，包括新建文档、保存文档和打开文档。另外，还介绍了动画属性的设置、场景的基本操作和辅助工具的使用。掌握本章知识，能使读者对Flash有一个全面系统的了解。

- Flash的工作界面包括菜单栏、工具箱、时间轴、场景和舞台、"属性"面板及浮动面板。菜单栏是Flash的命令集合，几乎所有的可执行命令都能在这里找到相应的操作选项；工具箱用于进行矢量图形绘制和编辑的各种操作；时间轴是Flash使用最频繁的面板之一，是进行动画编辑的基础，用于显示影片长度、帧内容及影片结构等信息；场景和舞台又被称为"绘图工作区"，舞台中包含的图形内容就是在完成的Flash影片播放时所显示的内容。舞台位于文档窗口的中间，默认为白色，也可设置为其他颜色。

- Flash通过菜单命令可以新建、保存并打开文档。在Flash的开始页中可通过单击不同的按钮新建或打开文档。

- Flash默认的文档大小为550像素×400像素，用户可以对文档的大小进行设置，还可以设置文档的颜色和帧频等。在Flash文档的右上角可以选择不同的舞台显示比例。

- 场景是编辑Flash动画文件过程中的主要场所之一。执行"插入"|"场景"命令，即可添加新的空白场景。或者执行"窗口"|"其他面板"|"场景"命令，调出"场景"面板，单击"添加场景"按钮 也可添加场景。在"场景"面板中还可对场景进行重命名及删除等操作。

- 在Flash中绘图时，用户可以使用辅助工具（标尺、网格及辅助线）来精确定位舞台中的元素。

1.9 课后习题

1. 填空题

（1）如果不想启动Flash CS6时显示开始页，可以选中开始页左下角的_____复选框。

（2）_____是动画显示区域，可以编辑和修改动画。

（3）在_____中可以执行Flash的大多数功能操作，如新建、编辑和修改等。

（4）执行_____命令，可以打开"网格"对话框，对网格的参数进行设置。

2. 判断题

（1）虽然使用Flash制作的动画是矢量的，但是当放大很多倍的时候，图像会失真。（　　）

（2）绘制和编辑矢量图形的各种工具都在工具箱中。（　　）

3. 上机操作题

在Flash CS6中从模板新建一个长和宽分别为120和240的垂直矩形广告文档。

第2章
图形的绘制

　　Flash CS6是一款功能强大的绘图软件，它提供了各种不同的绘图工具，可以绘制出精美的矢量图形。本章将通过对各种绘图工具的讲解来学习在Flash中绘制图形。

学习要点

- 掌握绘图工具的使用方法
- 掌握结合各种绘图工具绘制图形

2.1 线条工具与刷子工具

在Flash绘画中，线条工具 ◣ 和刷子工具 ◢ 的作用不可小觑。作为绘画的基本工具，这两种工具又有着截然不同的作用，本节将学习这两种工具的使用方法。

2.1.1 线条工具

使用线条工具 ◣ （快捷键：N）可以绘制不同长度、角度、颜色、高度、样式的线条。

选择工具箱中的线条工具，在舞台中拖动鼠标，就可以绘制一条线段，如图2-1所示。此时通过"属性"面板可以对线条的颜色、笔触高度、样式、端点和接合等进行设置，如图2-2所示。

图2-1 绘制线条

图2-2 线条工具"属性"面板

1. 属性设置

- 笔触颜色

选择线条工具后，在"属性"面板中单击笔触颜色的色块，即会弹出颜色面板，吸取颜色面板中的颜色可对线条颜色进行更改，如图2-3所示。

- 笔触高度

拖动笔触的滑块或直接在"笔触高度"文本框中输入数值可调整线条的粗细，如图2-4所示。

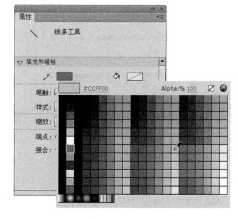

图2-3 设置笔触颜色

图2-4 设置笔触高度

● 笔触样式

单击笔触样式的倒三角按钮，在弹出的下拉列表中有"极细线"、"实线"、"虚线"、"点状线"、"锯齿线"、"点刻线"、"斑马线"等7个选项。不同的笔触样式绘制的线条也会不同，如图2-5所示。

单击笔触样式后的"编辑笔触样式"按钮 ✐ ，可打开"笔触样式"对话框，如图2-6所示。在该对话框中可以自定义线条的样式及粗细参数。

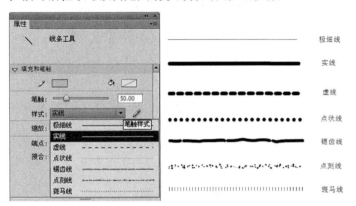

图2-5 笔触样式　　　　　　　　　图2-6 "笔触样式"对话框

● 端点

线条的端点有"无"、"圆角"、"方形"3个选项，系统默认为"圆角"，如图2-7所示。设置3种不同的端点绘制的直线如图2-8所示。

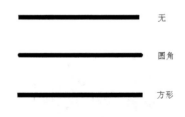

图2-7 设置线条的端点　　　　　　　图2-8 绘制不同端点的线条

● 接合

接合是指两条线段的相接处，也就是拐角的端点形状。线条的接合共有"尖角"、"圆角"和"斜角"3个选项，如图2-9所示。设置不同的接合端点后，绘制的线条也各不相同，如图2-10所示。

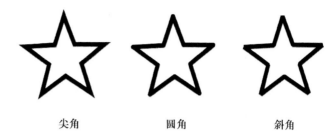

尖角　　　　　　　　圆角　　　　　　　　斜角

图2-9　设置线条接合形状　　　　　　　图2-10　绘制不同接合形状的线条

2. 附属工具

选择线条工具后工具箱的下方将显示相应的附属工具，如图2-11所示。当按下"对象绘制"按钮时，绘制的线条是一个独立的对象，周围有一个淡蓝色的矩形框，如图2-12所示。

当按下"贴紧至对象"按钮时，用线条工具绘制线条，Flash能够自动捕捉到线条的端点，让绘制出的图形自动进行闭合，如图2-13所示。

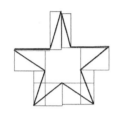

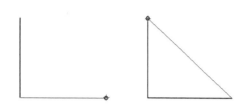

图2-11　附属工具　　图2-12　绘制的线条对象　　　　图2-13　自动捕捉线条端点进行绘制

> 🔍 **提　示**
>
> 选择线条工具，按住Shift键不放的同时，拖动鼠标可以绘制出水平、垂直或45°的倍数的直线。

▶ 2.1.2　刷子工具

使用刷子工具 ✏（快捷键：B）可以绘制任意形状的矢量图形。不同于线条工具的是，刷子工具绘制的图形不是线段，而是颜色填充的图形。

选择工具箱中的刷子工具，在舞台中单击鼠标，即可随意绘制图形。此时工具箱中的附属工具如图2-14所示。在计算机上安装数位板后，选择刷子工具，在工具箱中新增"使用压力"和"使用斜度"两个附属工具，如图2-15所示，此时使用刷子工具就可以根据压感来绘制图形。

1. 刷子模式

在工具箱底部单击"刷子模式"按钮，弹出的下拉列表如图2-16所示。

- 标准绘画：默认的绘制模式，可以在舞台中的任何区域进行绘制。
- 颜料填充：只能在填充区域进行绘制，但不影响线条。
- 后面绘画：在图像的后面绘制，并不影响已绘制的线条和填充。
- 颜料选择：只能在选定的填充区域内进行绘制。
- 内部绘画：选择该模式后，绘制的区域限制在落笔时所在位置的填充区域内，对线条无影

响。若落笔的区域为空白区域，则绘制的图形不会影响已填充的区域。

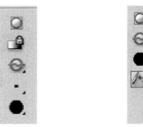

图2-14 附属工具　　　图2-15 新增附属工具　　　图2-16 "刷子模式"下拉列表

2. 刷子大小及形状

刷子的大小和形状如图2-17所示。刷子的大小共有8种选择，刷子的形状共有9种选择。

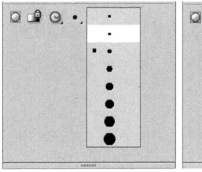
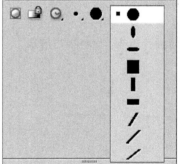

图2-17 刷子的大小和形状

实例：绘制郊外风光

源　文　件：	源文件\第2章\绘制郊外风光.fla
视频文件：	视频\第2章\2-1绘制郊外风光.avi

本实例是结合使用线条工具和刷子工具绘制迷人的郊外风光，实例效果如图2-18所示。

01 启动Flash CS6，新建一个空白文档，设置舞台背景颜色为蓝色，如图2-19所示。

02 在工具箱中选择线条工具，在舞台中绘制直线，使用选择工具调整线条，如图2-20所示。

03 使用刷子工具，在工具箱中设置填充颜色为绿色（#72C901），设置刷子模式为后面绘画，在舞台中绘制草地，如图2-21所示。

04 使用刷子工具，在附属工具中单击"使用压力"按钮，在草地上绘制草簇，如图2-22所示。

图2-18 郊外风光

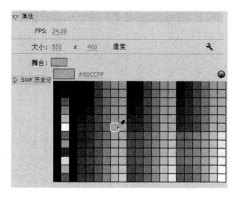

图2-19 设置舞台背景颜色

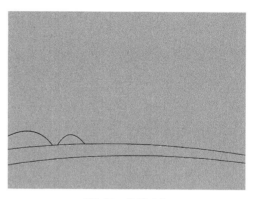

图2-20 绘制线条

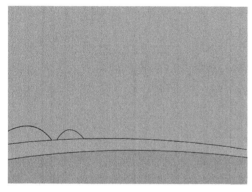

图2-21 绘制草地

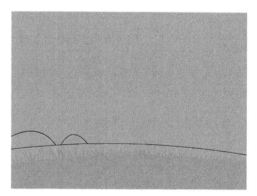

图2-22 绘制草簇

05 设置填充颜色为草绿（#34B301），设置刷子模式为后面绘画，绘制草地及草簇，如图2-23所示。

06 设置填充颜色，绘制树木，如图2-24所示。

图2-23 绘制草地及草簇

图2-24 绘制树木

07 用同样的方法，设置刷子模式为后面绘画，在天空中绘制云朵，如图2-25所示。

08 设置填充颜色，在草地上绘制花朵，如图2-26所示，完成郊外风光的绘制。

提 示

　　在刷子上色的过程中按住Shift键，可以为水平或垂直的区域填充颜色。按住Ctrl键可以暂时切换到选择工具。

图2-25　绘制云朵

图2-26　绘制花朵

2.2　铅笔工具与钢笔工具

铅笔工具 ✏ 和钢笔工具 🖋 都能绘制出不同形状的线条。本节将对这两种工具进行详细的讲解。

▶ 2.2.1　铅笔工具

使用铅笔工具 ✏ （快捷键：Y）可以绘制简单的矢量图形、运动路径等。

当选择工具箱中的铅笔工具 ✏ 后，在其"属性"面板中可以设置笔触的颜色、高度、样式、平滑度，如图2-27所示。

此时，工具箱中显示附属工具"铅笔模式"，单击 🔽 按钮，弹出的下拉列表中包括"伸直"、"平滑"和"墨水"3个选项，如图2-28所示。

图2-27　铅笔工具"属性"面板

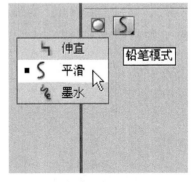

图2-28　铅笔模式

- 伸直 🔽：该模式为默认模式，勾勒出图形的大致轮廓，Flash会自动将图形转化成为接近规则的图形。
- 平滑 S：可以使线条更圆滑，用户可以尽情地勾画。
- 墨水 ✏：绘制的曲线不加任何更改，使绘制的线条更加接近于手绘的效果。

▶ 2.2.2　钢笔工具

使用钢笔工具 🖋 （快捷键：P）可以在Flash中绘制精确的路径，通过该工具，可以建立直线或者平滑流畅的曲线。

　　选择工具箱中的钢笔工具 ，其"属性"面板如图2-29所示。在工具箱中没有辅助选项，但是在绘图过程中，钢笔工具 会显示不同指针，它们反映其当前绘制状态。

- 初始锚点指针 ：该指针是选择钢笔工具后在舞台中看到的第一个指针，表示下一次在舞台上单击鼠标时将创建初始锚点，它是新路径的开始（所有新路径都以初始锚点开始），可以终止任何现有的绘画路径，如图2-30所示。
- 连续锚点指针 ：表示下一次单击鼠标时将创建一个锚点，并使线条与前一个锚点相连接。在创建所有用户定义的锚点（路径的初始锚点除外）时，显示此指针，如图2-31所示。

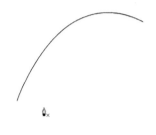

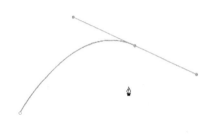

图2-29　钢笔工具"属性"面板　　　图2-30　初始锚点指针　　　图2-31　连续锚点指针

- 添加锚点指针 ：表示下一次单击鼠标时将向现选择路径添加一个锚点，如图2-32所示。如果需要添加锚点，必须选择路径。一次只能添加一个锚点。
- 删除锚点指针 ：表示下一次单击鼠标时在现有路径上删除一个锚点，如图2-33所示。如果需要删除锚点，指针必须位于现有锚点上。一次只能删除一个锚点。
- 闭合路径指针 ：表示在绘制的路径的起点处闭合路径，如图2-34所示。只能闭合当前正在绘制的路径，并且现有锚点必须是同一个路径的起始锚点。
- 转换锚点指针 ：可以将锚点转换为带有独立方向线的点，如图2-35所示。如果要启用转换锚点工具，可以按C键。

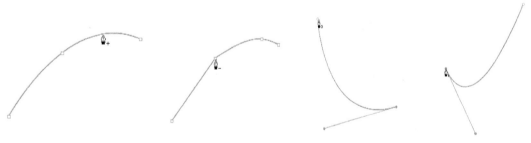

图2-32　添加锚点指针　　　图2-33　删除锚点指针　　　图2-34　闭合路径指针　　图2-35　转换锚点指针

> 🔍 **提　示**
>
> 　　使用钢笔工具绘制路径，按住Alt键，当鼠标指针变成 形状时，可以通过移动切线手柄来调整曲线。按住Ctrl键可以拖动整个路径的位置，按住Shift键可以将曲线倾斜角限制为45°的倍数。

🔷 实例：绘制卡通动物

源　文　件：	源文件\第2章\绘制卡通动物.fla
视频文件：	视频\第2章\2-2绘制卡通动物.avi

本实例是结合使用铅笔工具和钢笔工具绘制卡通动物，实例效果如图2-36所示。

01 使用铅笔工具绘制出卡通动物的大致轮廓，如图2-37所示。

图2-36　卡通动物　　　　　　　　　　　图2-37　绘制轮廓

02 新建图层2，使用钢笔工具对卡通动物进行描边修型，如图2-38所示。

03 将图层1删除，在图层2中，选择不平滑的线条，单击工具箱中的"平滑"按钮，调整线条，如图2-39所示。

图2-38　描边修型　　　　　　　　　　　图2-39　调整线条

04 使用铅笔工具，对细节进行刻画，如图2-40所示。

05 选择刷子工具，设置刷子模式为后面绘画，在舞台中绘制，如图2-41所示。

图2-40　刻画细节　　　　　　　　　　　图2-41　实例效果

2.3 矩形工具与椭圆工具

本节将学习矩形工具、基本矩形工具、椭圆工具和基本椭圆工具的使用方法。

2.3.1 矩形工具

使用矩形工具 ▭（快捷键：R）可以绘制大小不同的矩形。选择矩形工具，在舞台中拖动鼠标即可绘制矩形，如图2-42所示。此时，在矩形工具的"属性"面板中可以对矩形的参数进行设置，如图2-43所示。

图2-42 绘制矩形

图2-43 矩形工具"属性"面板

🔍 **提 示**

按住Shift键的同时，使用矩形工具可以绘制出正方形。

在"属性"面板中设置其矩形边角半径对已绘制的图形无影响。因此，选择矩形工具绘制圆角矩形时，先要在"属性"面板中设置其边角半径，然后在舞台中绘制矩形即可，如图2-44所示。

选择绘制后的图形，可以在"属性"面板中对矩形的大小及在舞台中的位置进行设置，如图2-45所示。

图2-44 绘制圆角矩形

图2-45 调整大小及位置

🔍 **提 示**

当设置较大的边角半径时，使用矩形工具可以绘制一个圆；当设置负值的边角半径时，绘制的矩形是反半径矩形，边角向内陷，如图2-46所示。

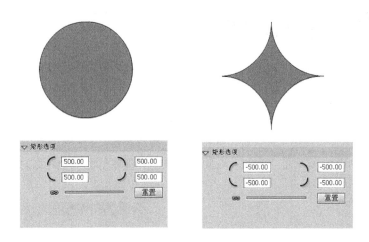

图2-46 设置不同边角半径绘制的图形

2.3.2 基本矩形工具

基本矩形工具的功能和矩形工具相同。选择基本矩形工具，在舞台中绘制一个基本矩形，此时矩形四周显示紫色边框，如图2-47所示。通过拖动矩形的四个角可以调整边角半径，如图2-48所示。

图2-47 绘制矩形

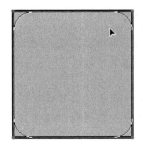

图2-48 设置矩形边角半径

在"属性"面板中也可进行边角半径设置。单击"解锁"按钮，可以对矩形的每个边角半径进行单独设置，如图2-49所示。

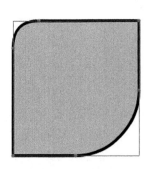

图2-49 单独设置边角半径

2.3.3　椭圆工具

使用椭圆工具 ◯（快捷键：O）可以绘制椭圆与正圆图形。选择椭圆工具，在舞台中拖动鼠标即可绘制椭圆，如图2-50所示。此时，在椭圆工具的"属性"面板中可以对椭圆的参数进行设置，如图2-51所示。

图2-50　绘制椭圆

图2-51　设置椭圆的参数

同矩形工具一样，在"属性"面板中设置椭圆选项对已绘制的图形无影响。因此，选择椭圆工具绘制椭圆时，需先对椭圆选项进行设置，然后即可在舞台中绘制不同的图形，如图2-52所示。

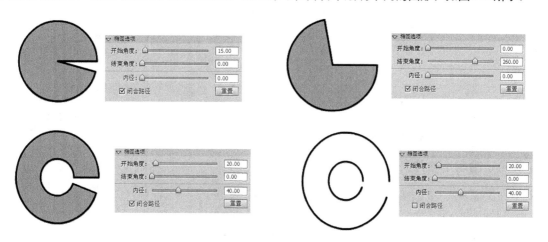

图2-52　绘制不同的图形

2.3.4　基本椭圆工具

基本椭圆工具同椭圆工具一样。选择基本椭圆工具 ◯，在舞台中绘制一个椭圆，此时椭圆四周显示紫色边框，如图2-53所示。向外拖动中心圆点来调整椭圆的内径，此时"属性"面板显示相应的内径值，如图2-54所示。

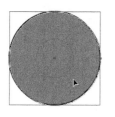

图2-53　绘制椭圆

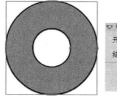

图2-54　调整椭圆内径

　　向上拖动外圆上的紫色圆点，可调整椭圆的结束角度。此时，在"属性"面板中显示了相应的角度参数，如图2-55所示。

图2-55　设置椭圆的结束角度

　　向下拖动外圆上的紫色圆点，可调整椭圆的开始角度。此时，在"属性"面板中显示了相应的角度参数，如图2-56所示。

图2-56　设置椭圆的开始角度

> **提示**
>
> 　　基本矩形工具和基本椭圆工具绘制的图形均为单独的对象。若需对其进行进一步编辑，需按Ctrl+B组合键将其转换为编辑图形。

实例：绘制卡通月亮

源 文 件:	源文件\第2章\绘制卡通月亮.fla
视频文件:	视频\第2章\2-3绘制卡通月亮.avi

　　本实例是结合使用椭圆工具和基本椭圆工具绘制卡通月亮，实例效果如图2-57所示。

01 选择基本椭圆工具，在舞台中绘制椭圆，如图2-58所示。

02 使用选择工具，调整椭圆的开始角度和结束角度，如图2-59所示。

图2-57　卡通月亮

图2-58　绘制椭圆

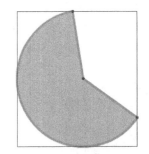

图2-59　调整角度

03 在"属性"面板中设置内径为60，如图2-60所示。

04 按Ctrl+B组合键分离图形，使用选择工具调整图形，如图2-61所示。

05 复制图形，调整图形的颜色及位置，将描边线条删除，如图2-62所示。

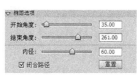

图2-60　设置内径参数 　　　　　图2-61　调整图形　　　　图2-62　复制图形

06 使用椭圆工具绘制两个椭圆，如图2-63所示。

07 选择椭圆工具，设置填充颜色为白色，在舞台中绘制多个椭圆，使用选择工具调整椭圆形状，如图2-64所示。

08 使用铅笔工具绘制弧线，完成卡通月亮的绘制，如图2-65所示。

图2-63　绘制椭圆 　　　　　　图2-64　绘制椭圆 　　　　　　图2-65　绘制弧线

2.4　Deco工具

使用Deco工具可以快速完成大量相同元素的绘制，也可以应用它制作出很多复杂的动画效果。若将其与图形元件和影片剪辑元件配合，可以制作出更加丰富的动画效果。

▶ 2.4.1　使用Deco工具

使用Deco工具（快捷键：U）可以绘制系统自带的多种相同元素的图案。选择工具箱中的Deco工具，在舞台中单击鼠标，即可得到图案，如图2-66所示。此时的"属性"面板如图2-67所示。

在"属性"面板中对Deco工具的各项参数进行设置，可以绘制不同的图案效果。Deco工具"属性"面板中的主要选项介绍如下。

● 绘制效果

在Flash CS6中一共提供了13种绘制效果，包括：藤蔓式填充、网格填充、对称刷子、3D刷子、建筑物刷子、装饰性刷子、火焰动画、火焰刷子、花刷子、闪电刷子、粒子系统、烟动画、

树刷子，如图2-68所示。

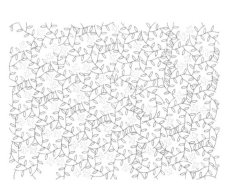

图2-66　舞台效果　　　图2-67　Deco工具"属性"面板　　　图2-68　绘制效果

- 高级选项

高级选项内容根据不同的绘制效果，而发生不同的变化。通过设置高级选项可以实现不同的绘制效果。

> 🔍 **提　示**
>
> 在Deco工具中，藤蔓式填充具有动画记录功能。

▶ 2.4.2　修改Deco效果

下面介绍如何修改Deco效果。

01 使用椭圆工具绘制出花朵形状，选择图形，单击鼠标右键，执行"转换为元件"命令，如图2-69所示，将其转换为元件。

02 选择Deco工具，在"属性"面板中单击花后的"编辑"按钮，在弹出的对话框中选择"元件1"，如图2-70所示。

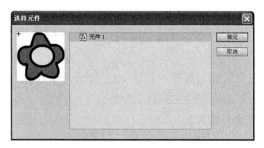

图2-69　转换为元件　　　　　　　图2-70　"选择元件"对话框

03 在舞台中单击鼠标，即可得到绘制的图形，如图2-71所示。

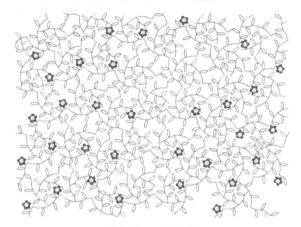

图2-71　舞台效果

2.5 其他绘图工具

除了前面讲到的常用绘图工具外，还有其他一些绘图工具，如多角星形工具、橡皮擦工具和喷涂刷工具，本节将学习它们的使用方法。

2.5.1 多角星形工具

使用多角星形工具 ⬠ 可以绘制多边形或星形图形。选择多角星形工具，在舞台中拖动鼠标，即可绘制一个多边形，如图2-72所示。

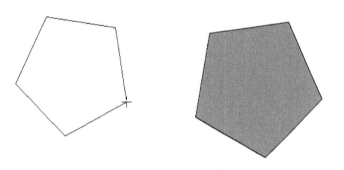

图2-72　绘制多边形

在"属性"面板中，单击"选项"按钮，会弹出"工具设置"对话框。在"工具设置"对话框中可以对样式、边数、星形顶点大小进行设置。设置不同的参数绘制的图形也不相同，如图2-73所示。

🔍 提　示

在"工具设置"对话框的"边数"文本框中可以对多边形的边数进行设置，数值范围为3～32；在"星形顶点大小"文本框中可以指定星形顶点的深度，数值越接近0，创建的顶点就越深，数值越接近1，创建的顶点就越浅。

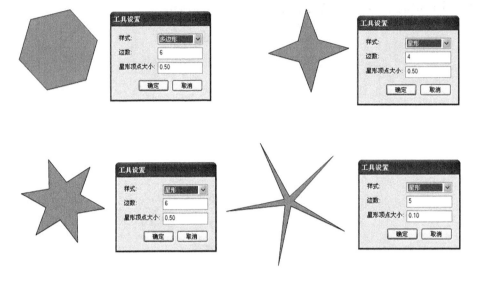

图2-73　绘制不同的多边形

▶ 2.5.2　橡皮擦工具

使用橡皮擦工具▨（快捷键：E）可以擦除线条和填充颜色。选择橡皮擦工具，在工具箱中显示相应的附属工具，包括橡皮擦模式、橡皮擦形状及水龙头。橡皮擦包含5种模式、10种形状，如图2-74所示。

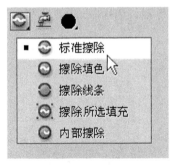
橡皮擦模式

橡皮擦形状

图2-74　橡皮擦工具的附属工具

🔍 **提 示**

在工具箱中双击橡皮擦工具，可以擦除舞台中所有的图形对象，被锁定的图层除外。

橡皮擦模式用于擦除区域，包含以下5个选项。

- 标准擦除：用于擦除同一图层上的笔触和填充区域。
- 擦除填色：只擦除填充区域，不影响笔触。
- 擦除线条：只擦除笔触，不影响填充区域。
- 擦除所选填充：只擦除当前选定的填充区域，不影响笔触。
- 内部擦除：只擦除橡皮擦笔触开始处的填充。如果从空白点开始擦除，则不会擦除任何内容。这种模式并不影响笔触。

运用橡皮擦工具擦除图形时，必须保证图形为可编辑状态。当需要擦除不可编辑的图形时，先按Ctrl+B组合键将图形打散，然后运用橡皮擦工具，即可擦除图形。

单击"水龙头"按钮后，可以一次性将舞台中所选区域的填充颜色或笔触颜色擦除，如图2-75所示。

利用"橡皮擦形状"功能可以设置橡皮擦的形状以进行精确的擦除。

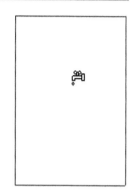

图2-75　水龙头工具

▶ 2.5.3　喷涂刷工具

喷涂刷工具的功能与粒子喷射器非常相似，使用它可以一次性将形状图案绘制出来。在默认情况下，喷涂刷工具使用黑色喷射粒子点。此外，还可以使用喷涂刷工具将影片剪辑元件或图形元件喷涂在舞台中。

选择工具箱中的喷涂刷工具 （快捷键：B），在"属性"面板中可以对其参数进行设置，如图2-76所示。单击"编辑"按钮，在弹出的对话框中选择元件，在舞台中单击鼠标，即可喷涂相应的图案，如图2-77所示。

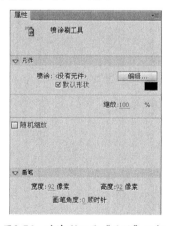

图2-76　喷涂刷工具"属性"面板

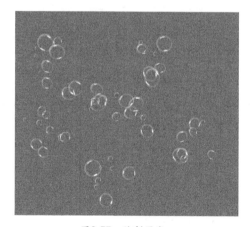

图2-77　绘制图案

2.6　拓展练习——绘制海滩景色

源 文 件：	源文件\第2章\海滩景色.fla
视频文件：	视频\第2章\2-6海滩景色.avi

本节将结合前面所学内容，绘制海滩景色，实例效果如图2-78所示。

图2-78 海滩景色

01 使用矩形工具，设置填充颜色为无，绘制矩形框。使用铅笔工具绘制出地平线和海岸线，使用选择工具对其进行调整，如图2-79所示。

02 使用铅笔工具绘制出云朵和椰树，如图2-80所示。

图2-79 绘制地平线与海岸线   图2-80 绘制云朵和椰树

03 使用椭圆工具绘制出椰子，使用钢笔工具绘制出树叶，如图2-81所示。

04 使用铅笔工具，绘制出树干上的纹路，如图2-82所示。

图2-81 绘制椰子和树叶   图2-82 绘制树干纹路

05 使用线条工具，绘制出沙滩椅和桌子，如图2-83所示。

06 使用线条工具，绘制出遮阳伞，如图2-84所示。

图2-83　绘制沙滩椅和桌子　　　　　　　　　　图2-84　绘制遮阳伞

07 选择刷子工具，设置刷子模式为后面绘画，为天空填充颜色，修改刷子大小和模式，为云层添加颜色，如图2-85所示。

08 使用铅笔工具绘制出海浪，使用刷子工具为海滩和海浪添加颜色，如图2-86所示。

图2-85　添加天空和云层颜色　　　　　　　　　　图2-86　添加海滩和海浪颜色

09 用同样的方法，为其他图形填充颜色，如图2-87所示。

10 选择橡皮擦工具，设置橡皮擦模式为擦除线条，将多余的线条删除擦除，修改椰树的线条颜色，得到最终效果图，如图2-88所示。

图2-87　添加颜色　　　　　　　　　　　　　　图2-88　实例效果

> 🔍 **提 示**
>
> 选择舞台中的一条线段，双击鼠标，可将所有线条选中，按Delete键即可将所有线条删除。

2.7 本章小结

本章重点给读者讲解在Flash CS6中绘制图形的相关操作与技巧，这也是Flash用户经常需要使用的知识。熟练掌握这些工具的使用方法是Flash动画制作的关键。在学习的过程中，需要清楚各工具的用途及所对应"属性"面板里每个参数的作用，并能将多种工具配合使用，从而绘制出丰富多彩的各类图案。

- Flash CS6是一款功能强大的绘图软件，它提供了各种不同的绘图工具，可以绘制出精美的矢量图形。每个工具的功能各不相同，在工具箱中选择不同的工具会显示出相应的附属工具，如对象绘制、贴紧至对象等。
- 不同工具的"属性"面板各不相同。例如，使用线条工具，可以在"属性"面板中对笔触颜色、笔触高度及笔触样式进行设置。
- 使用Deco工具可以绘制系统自带的多种相同元素的图案。选择工具箱中的Deco工具，在舞台中单击鼠标，即可得到相应的图案。

2.8 课后习题

1. 选择题

（1）使用钢笔工具绘制弧线时，按住什么键可以通过移动切线手柄来调整曲线？（   ）

    A. Alt键   B. Ctrl键

    C. Shift键   D. 空格键

（2）在绘制图形对象时，铅笔工具绘制的线条比什么工具所绘制的线条体积要小许多？（   ）

    A. 刷子工具   B. 钢笔工具

    C. 线条工具   D. 选择工具

（3）使用什么工具，可以绘制出直线线段、曲线线段或其他任意图形？（   ）

    A. 线条工具   B. 矩形工具

    C. 钢笔工具   D. 椭圆工具

2. 填空题

（1）刷子工具有_____、_____、_____、_____、_____5种刷子模式。

（2）橡皮擦工具有_____、_____、_____、_____、_____5种模式。

（3）使用_____工具可以绘制出半圆或圆弧。

（4）可以一次性将所有内容都擦除的是橡皮擦工具的_____功能。

3. 判断题

（1）线条工具只能绘制直线，而不能绘制曲线。（   ）

（2）选择矩形工具在舞台中绘制矩形后，可对绘制完成的矩形进行边角半径设置。（　　）

（3）铅笔工具绘制的图形和刷子工具绘制的图形都是矢量色块。（　　）

（4）使用钢笔工具绘制图形时，转换锚点指针可以将锚点转换为带有独立方向线的点。（　　）

4．上机操作题

（1）使用椭圆工具、线条工具和刷子工具绘制如图2-89所示的卡通花朵。

图2-89　卡通花朵

（2）使用多角星形工具、钢笔工具和椭圆工具绘制如图2-90所示的星光闪耀。

图2-90　星光闪耀

第3章
描边与填充图形

Flash CS6除了具有绘画功能之外，还具有强大的颜色处理功能。通过使用墨水瓶工具和颜料桶工具可以对图形进行描边和填充，丰富画面效果。本章将学习如何使用Flash CS6绘制色彩斑斓的图形。

学习要点

- 笔触形状与样式
- 颜料桶工具和墨水瓶工具
- "颜色"面板

3.1 笔触形状与样式

有时候，用户需要对已绘制的曲线进行优化，以达到更好、更精美的效果。在Flash CS6绘图过程中，灵活掌握本节介绍的绘图技巧，可以在以后的工作中更加得心应手。

3.1.1 改变形状

不是每次在舞台上绘制的形状都能令人满意，除了使用撤销操作重新绘制以外，还可以使用选择工具 来调整已经绘制出的形状。

不需要在选中的状态下，将鼠标指针移动到需要调整处，单击并拖动，即可调整其弧度和位置，如图3-1所示。

图3-1　改变形状之笑脸

3.1.2 伸直和平滑曲线

在Flash CS6中，有一些辅助工具不仅可以使绘制的图形更加美观，还可以减少线条的线段数量，如伸直工具 和平滑工具 。

1. 伸直曲线

使用铅笔工具 在舞台中绘制一条曲线，如图3-2所示。如果想要把部分曲线变为直线，选择需要调整的部分，单击"伸直"按钮 ，即可将选中的部分变为直线，如图3-3所示。

图3-2　曲线部分伸直前　　　　　　　　　　图3-3　曲线部分伸直后

2. 平滑曲线

使用铅笔工具 在舞台中绘制一朵云，如图3-4所示。如果想要让云朵的轮廓线平滑一些，选择全部的曲线，单击"平滑"按钮 ，即可使云朵的轮廓变平滑，如图3-5所示。

图3-4　不平滑的云朵　　　　　　　　　　图3-5　平滑的云朵

▶ 3.1.3 修改样式

使用铅笔工具✐在舞台中绘制一条曲线，如图3-6所示。如果不想让曲线是一条实线，选择曲线，在"属性"面板的"样式"下拉列表中修改曲线样式，如图3-7所示，这里选择锯齿线，效果如图3-8所示。

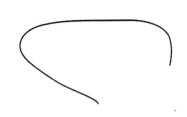
图3-6 绘制曲线

图3-7 修改曲线样式

图3-8 修改曲线样式完成后的效果

3.2 填充颜色

在Flash CS6中，可以通过工具箱和"属性"面板为绘制的图形和图形轮廓填充颜色，使画面更丰富。

▶ 3.2.1 使用工具箱填充

在Flash CS6中，使用工具箱中的颜色填充工具可以为图形或图形轮廓填充颜色。常用的填色工具有墨水瓶工具⬤、颜料桶工具⬤和滴管工具✐等。通过颜色选择工具笔触颜色✐▢和填充颜色⬤▢选取颜色，为已绘制的图形着色即可。选取笔触颜色，只需单击"笔触颜色"按钮✐▢，即可弹出色板，如图3-9所示；选取填充颜色，同样单击"填充颜色"按钮⬤▢，在弹出的色板中选择所需颜色即可，如图3-10所示。

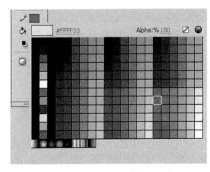
图3-9 设置笔触颜色

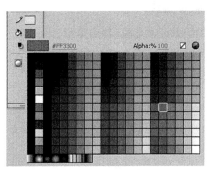
图3-10 设置填充颜色

为图形填充颜色时，可先绘制好图形，如图3-11所示，再填色，如图3-12所示。

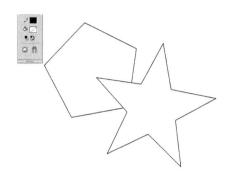

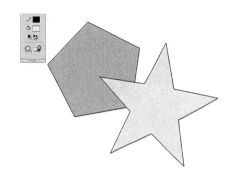

图3-11　绘制图形　　　　　　　　　　图3-12　填充颜色

另外，也可以先选取颜色，如图3-13所示，再绘制图形，如图3-14所示。

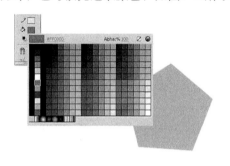

图3-13　选取颜色　　　　　　　　　　图3-14　绘制五角星

3.2.2　使用"属性"面板填充

在Flash CS6中，除了使用工具箱中的工具为图形填色之外，还可以使用"属性"面板为图形填色。在舞台中绘制一个图形时，可以在"属性"面板中设置笔触与填充的颜色。设置笔触的颜色，打开"属性"面板，单击"笔触颜色"按钮，在打开的色板中选择所需的颜色即可，如图3-15所示；设置填充的颜色，在"属性"面板中单击"填充颜色"按钮，打开色板并选择所需颜色即可，如图3-16所示。

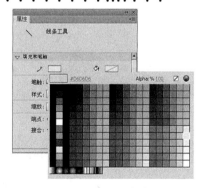

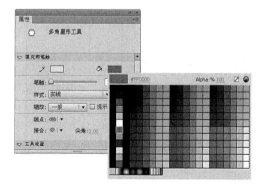

图3-15　设置笔触颜色　　　　　　　　图3-16　设置填充颜色

通过"属性"面板，可以为已经绘制好的图形修改颜色。例如，将图3-17中小星星的颜色改为红色。

用选择工具选取蓝色的小星星，如图3-18所示。

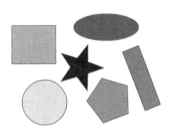

图3-17　修改星星颜色前

图3-18　选取星星

02 在"属性"面板中，单击"填充颜色"按钮，选择红色，如图3-19所示，即可修改小星星的颜色，效果如图3-20所示。

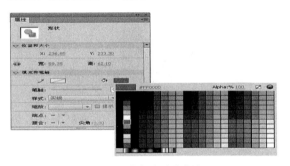

图3-19　选择修改的颜色

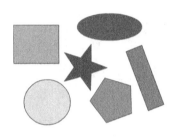

图3-20　修改星星颜色后

实例：绘制手链

源　文　件：	源文件\第3章\绘制手链.fla
视频文件：	视频\第3章\3-2绘制手链.avi

　　本实例将结合使用平滑曲线、改变样式和修改图形颜色来绘制手链，实例效果如图3-21所示。

01 用铅笔工具在舞台上绘制一条闭合曲线，如图3-22所示。

02 选择曲线，使用平滑工具 ，平滑曲线，如图3-23所示。

03 选择曲线，在"属性"面板中，将曲线的样式改变为"点状线"，调整笔触大小，如图3-24所示。

图3-21　手链

图3-22　绘制曲线

图3-23　平滑曲线

图3-24　改变曲线样式

04 选择曲线，执行"修改"|"形状"|"将线条转换为填充"命令，如图3-25所示。

05 选择全部的形状，在"颜色"面板中选择颜色，改变手链的颜色，如图3-26所示。

06 选择手链，将其组合起来。

07 新建图层并移动至图层1的下方，选择图层2的第1帧，执行"文件"|"导入"|"导入到舞台"命令，如图3-27所示。

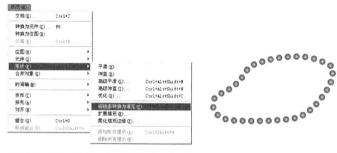

图3-25 执行"将线条转换为填充"命令　图3-26 修改手链颜色　图3-27 执行"导入到舞台"命令

08 在弹出的"导入"对话框中，选择一张图片将其导入到舞台中，如图3-28所示。

09 调整图片和手链的位置及大小，最终效果如图3-29所示。

图3-28 导入图片　　　　　　　　　图3-29 最终效果

3.3 颜料桶工具与墨水瓶工具

在没有选中图形的情况下，想将设置好的颜色应用于图形的轮廓或者内部时，可以使用相应的工具进行填充，即颜料桶工具和墨水瓶工具。

▶ 3.3.1 颜料桶工具

颜料桶工具 是绘图编辑中常用的填色工具，对图形块区域或封闭的轮廓范围，有色区域或无色区域，都可以进行颜色填充。填充颜色可以使用纯色，也可以使用渐变色，还可以使用位图。单击工具箱中的"颜料桶"按钮 后，光标在工作区中变成一个小颜料桶，表示颜料桶工具已经被激活。

颜料桶工具分单色填充、渐变填充和位图填充3种填充模式。通过选择不同的填充模式，可以使用颜料桶工具制作出不同的效果。激活颜料桶工具后，在工具箱的"工具属性"模块内，还

有一些针对颜料桶工具特有的附加功能选项，如图3-30所示。

1. 封闭空隙大小

单击"空隙大小"按钮，将弹出一个下拉列表，用户可以在此选择颜料桶工具判断近似封闭的空隙宽度，主要包括"不封闭空隙"、"封闭小空隙"、"封闭中等空隙"、"封闭大空隙"，如图3-31所示。

图3-30　颜料桶工具的附加选项　　　　　图3-31　"空隙大小"下拉列表

- 不封闭空隙：颜料桶只对完全封闭的区域填充，对有任何细小空隙的区域填充都不起作用。
- 封闭小空隙：颜料桶既可以填充完全封闭的区域，也可以填充有细小空隙的区域，但是不能填充空隙大的区域。
- 封闭中等空隙：颜料桶可以填充完全封闭的区域、有细小空隙的区域，还可以填充中等大小的空隙区域，但有大空隙区域时填充无效。
- 封闭大空隙：颜料桶可以填充完全封闭的区域、有细小空隙的区域、中等大小的空隙区域，也可以对大空隙填充，不过空隙的尺寸过大，颜料桶也是无能为力的。

下面介绍如何使用颜料桶工具填色。

01 在舞台上绘制一个不封闭的图形，如图3-32所示。

02 在工具箱中选择颜料桶工具，单击"空隙大小"按钮，在弹出的下拉列表中选择"封闭大空隙"模式，如图3-33所示。

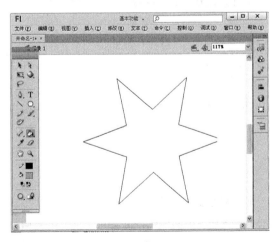

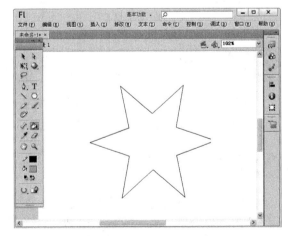

图3-32　绘制不封闭的图形　　　　　图3-33　选择"封闭大空隙"模式

03 单击"填充颜色"按钮，在弹出的"颜色"面板中选择黄色，如图3-34所示。

04 使用颜料桶工具在不封闭的图形上单击鼠标进行填充，效果如图3-35所示。

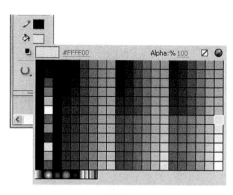

图3-34　选择填充颜色

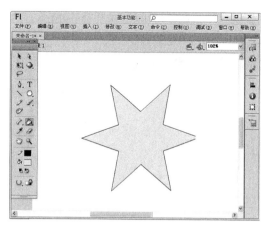

图3-35　填充图形

2. 锁定填充

单击"锁定填充"按钮，可以锁定填充区域。"锁定填充"只对渐变填充和位图填充起作用。开启"锁定填充"，效果如图3-36所示；关闭"锁定填充"，效果如图3-37所示。

图3-36　开启"锁定填充"　　　　　　　　　图3-37　关闭"锁定填充"

3.3.2　墨水瓶工具

使用墨水瓶工具 可以改变线条或者形状轮廓的样式、粗细和颜色，可以为矢量图形添加边线，其本身不具备任何绘画功能。选择工具箱中的墨水瓶工具 ，在"属性"面板中可以对墨水瓶工具的各项参数进行设置，如图3-38所示。

下面分别介绍墨水瓶工具"属性"面板中各项参数的功能。

图3-38　墨水瓶工具"属性"面板

- 笔触颜色 ：设置填充边线和形状轮廓的颜色。
- 笔触：设置填充边线和形状轮廓的粗细，数值越大，线条就越粗。
- 样式：在下拉列表中设置图形边线的样式，有极细、实线、虚线等样式。
- "编辑笔触样式"按钮 ：单击该按钮打开"笔触样式"对话框，在其中可以自定义笔触样式，如图3-39所示。
- 缩放：限制Player中的笔触缩放，放止出现线条模糊。
- 提示：将笔触保存为全像素，防止出现线条模糊。

在舞台中绘制图形"M"如图3-40所示,选择墨水瓶工具,为图形"M"添加黄色的轮廓线如图3-41所示。

图3-39 "笔触样式"对话框　　图3-40 填充轮廓线前　　图3-41 填充轮廓线后

实例：为风景画上色

源 文 件:	源文件\第3章\为风景画上色.fla
视频文件:	视频\第3章\3-3为风景画上色.avi

本实例将使用颜色填充工具来给风景画上色,如图3-42和图3-43所示。

图3-42 上色前　　　　　　　　　图3-43 上色后

01 启动Flash CS6,打开文档"为风景画上色(线稿).fla",如图3-44所示。

02 选择工具箱中的颜料桶工具,为天空上色,如图3-45所示。

图3-44 "为风景画上色"文档　　　　图3-45 为天空上色

03 使用工具箱中的颜料桶工具，将空隙大小设置为封闭小空隙，为后面的房子屋顶上色，如图3-46所示。

04 选择颜料桶工具，在"颜色"面板中设置好填充色，为后面的房子墙壁上色，如图3-47所示。

图3-46　为屋顶上色

图3-47　为墙壁上色

05 将空隙大小设置为封闭中等空隙，为中间的房子上色，如图3-48所示。

06 将空隙大小设置为不封闭空隙，为房子的门和窗上色，如图3-49所示。

图3-48　为中间的房子上色

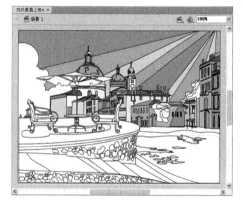

图3-49　为门窗上色

07 使用颜料桶工具为小河上色，如图3-50所示。

08 使用颜料桶工具为前景台阶和露台上色，如图3-51所示。

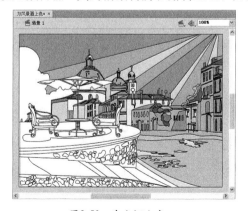

图3-50　为小河上色

图3-51　为前景上色

09 使用颜料桶工具，为咖啡小座上色，如图3-52所示。

10 使用选择工具，将所有的线条删除，如图3-53所示，至此上色完成。

11 保存文档，按Ctrl+Enter组合键测试影片，欣赏最终效果，如图3-54所示。

图3-52 为咖啡小座上色

图3-53 删除线稿

图3-54 最终效果

3.4 "颜色"面板

"颜色"面板是Flash制作常用的面板之一，也是填充颜色必不可少的面板。在"颜色"面板中，可以选择笔触颜色和填充颜色，还可以选择填充类型。填充类型分为纯色填充、渐变色填充和位图填充3种。本节将逐一介绍这3种填充类型。

▶ 3.4.1 纯色填充

Flash CS6默认的是纯色填充，也称单色填充。执行"窗口"|"颜色"命令，即可打开"颜色"面板，如图3-55所示。在"类型"下拉列表中可以选择填充类型，如图3-56所示。

纯色填充只能在图形中填充单一的颜色，是Flash制作中最基本的填充颜色的方式。在"颜色"面板中选择一种单一的颜色，如图3-57所示，再使用颜料桶工具在图形轮廓内填充，如图3-58所示。

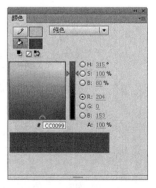

图3-55 "颜色"面板

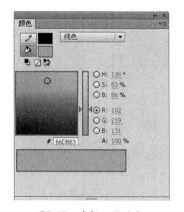

图3-56 选择填充类型　　　　图3-57 选择一种纯色　　　　图3-58 填充纯色的图形

▶ 3.4.2 渐变色填充

在Flash绘图中，很多时候纯色填充并不能满足用户需求，这时候就会用到渐变色填充。通过选取不同方向、不同颜色的渐变色填充图形，能使画面更丰富、更精致。

渐变色填充又分为线性渐变填充和径向渐变填充两种。

1.线性渐变填充

01 打开"颜色"面板，在"类型"下拉列表中选择"线性渐变"选项，如图3-59所示。

02 通过颜色控制器，可以调节渐变颜色。鼠标单击颜色控制器，将其激活，选择所需颜色，如图3-60所示。

03 使用颜料桶工具填充图形，如图3-61所示。

图3-59 选择"线性渐变"选项　　　图3-60 调整渐变颜色　　　　图3-61 线性渐变填充1

04 如果想要渐变颜色更加丰富，可以添加颜色控制器，调整渐变颜色，再填充图形，如图3-62所示。

2.径向渐变填充

01 打开"颜色"面板，在"类型"下拉列表中选择"径向渐变"选项，如图3-63所示。

02 调节渐变颜色，使用颜料桶工具填充图形，如图3-64所示。

图3-62　线性渐变填充2

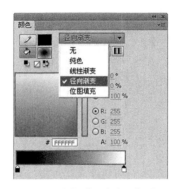

图3-63　选择"径向渐变"选项

图3-64　径向渐变填充

3.4.3　位图填充

位图填充即可以使用混色器将位图作为填充应用到图形对象中。

01　打开"颜色"面板，在"类型"下拉列表中选择"位图填充"选项，弹出"导入到库"对话框，如图3-65所示。

02　选择要导入的图片，单击"打开"按钮，即可使用位图填充。

03　使用颜料桶工具填充图形，效果如图3-66所示。

图3-65　"导入到库"对话框

图3-66　位图填充效果图

实例：绘制逼真左轮枪

源 文 件：	源文件\第3章\逼真左轮枪.fla
视频文件：	视频\第3章\3-4绘制逼真左轮枪.avi

本实例将通过综合使用绘图工具和颜色填充工具来绘制逼真左轮枪，实例效果如图3-67所示。

01　新建文档，使用钢笔工具，绘制出左轮枪的外轮廓，如图3-68所示。

02　使用椭圆工具和线条工具，绘制出左轮枪的枪膛、弹仓和扳机，如图3-69所示。

图3-67　逼真左轮枪

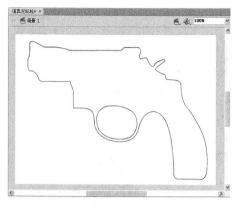

图3-68　绘制左轮枪的外轮廓

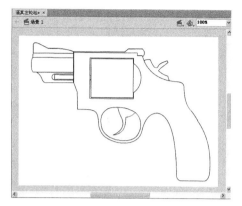

图3-69　绘制左轮枪的枪膛、弹仓和扳机

03 使用钢笔工具，绘制出左轮枪的细节，如图3-70所示。

04 使用钢笔工具和椭圆工具，进一步绘制出左轮枪的细节，完成左轮枪线稿的绘制，如图3-71
所示。

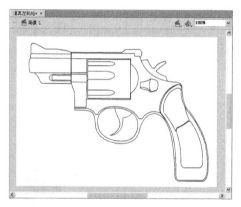

图3-70　绘制左轮枪细节1

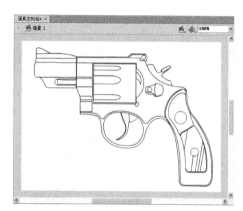

图3-71　绘制左轮枪细节2

05 使用颜料桶工具，为左轮枪上大体的色块，如图3-72所示。

06 使用选择工具，选择左轮枪的弹仓色块，在"颜色"面板中将其颜色调整为线性渐变，如
图3-73所示。

图3-72　为左轮枪上色

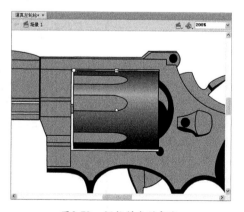

图3-73　调整弹仓的颜色

07 使用同样的方法调整枪膛的颜色，如图3-74所示。

08 使用颜料桶工具，为枪托的细节上色，如图3-75所示。

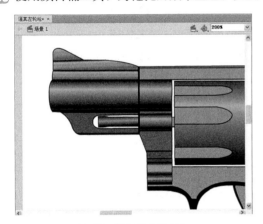

图3-74　调整枪膛的颜色

图3-75　为枪托的细节上色

09 结合使用纯色填充和渐变填充，为左轮枪的细节上色，如图3-76所示。

10 使用选择工具，选择线稿，将其删除，如图3-77所示。

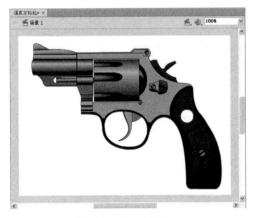

图3-76　为细节上色

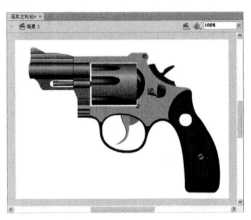

图3-77　删除线稿

11 将文档命名为"逼真左轮枪"保存，至此，逼真左轮枪绘制完成。按Ctrl+Enter组合键测试影片，欣赏逼真左轮枪最终效果，如图3-78所示。

图3-78　最终效果

3.5 "样本"面板

执行"窗口"|"样本"命令，即可打开一个像色板的面板，它正是"样本"面板，如图3-79所示。在"样本"面板上选取颜色可以方便油漆桶工具填充色。"样本"面板有很强的扩展功能，包含很多关于色彩方面的设置，单击"样本"面板右上角的扩展菜单按钮 ，即可打开扩展菜单列表，如图3-80所示。

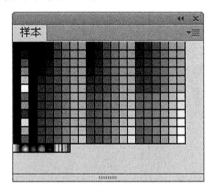

图3-79 "样本"面板

图3-80 "样本"面板的扩展菜单

下面介绍扩展菜单中的部分选项。

- 直接复制样本：通过选择此选项可以复制选取的色彩值，复制样本会显示在色板的下方，如图3-81红线框内所示。
- 删除样本：用来删除选定的色彩样本。
- 添加颜色：选择该选项时，将打开一个"导入色样"对话框，通过选择文件类型，可以从外部色彩文件或图像文件导入色彩样本，如图3-82所示。

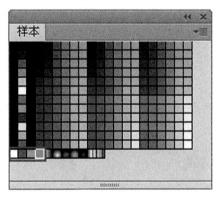

图3-81 复制样本

图3-82 "导入色样"对话框

- 替换颜色：选择此项也可以从外部色彩文件或图像文件导入色彩样本，但导入的样本将替换掉原来的色彩样本。
- 添加默认颜色：载入Flash默认的色彩样本。
- 保存颜色：把当前的色彩样本存储为Flash的默认文件（.clr）。
- 保存为默认值：将当前色彩样本存储为默认色彩样本。
- 清除颜色：清除当前的色彩样本，色板上只留下黑白两色。
- Web 216色：载入网络的216色彩样本设置。
- 按颜色排序：按色彩种类对色彩样本排序。

3.6 贴紧

Flash的贴紧功能是将各个元素彼此自动对齐的一个功能。Flash舞台提供了3种贴紧对齐方法，即贴紧至对象、贴紧对齐、贴紧至像素。

3.6.1 贴紧至对象

贴紧至对象可以将对象沿着其他对象的边缘直接与它们贴紧。执行"视图"|"贴紧"|"贴紧至对象"命令，即可打开"贴紧至对象"功能，如图3-83所示。另外，单击鼠标右键，在弹出的快捷菜单中执行"贴紧"|"贴紧至对象"命令，如图3-84所示，或者选择选择工具，单击工具箱底部的"贴紧至对象"按钮，也可打开"贴紧至对象"功能。

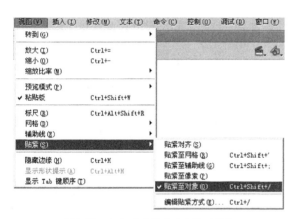

图3-83 开启"贴紧至对象"功能1　　　　　图3-84 开启"贴紧至对象"功能2

打开"贴紧至对象"功能后，当拖动图形对象时，鼠标指针下面会出现一个黑色的小环，如图3-85所示。当对象处于另一个对象的贴紧距离内时，小环会变大，如图3-86所示。

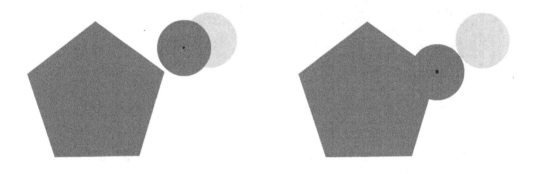

图3-85 拖动图形　　　　　　　　　图3-86 贴紧至对象

3.6.2 贴紧对齐

贴紧对齐可以按照指定的贴紧对齐容差、对象与其他对象之间或者对象与舞台边缘之间的预设便捷对齐对象。

执行"视图"|"贴紧"|"贴紧对齐"命令，打开"贴紧对齐"功能，当拖动一个图形对象至另外一个图形对象边缘时，会显示对齐线，如图3-87所示。

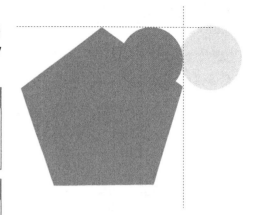

> **提 示**
>
> 在创作引导动画过程中，为了辅助对象更好地吸附到引导线的两端，常常使用"贴紧对齐"功能。

> **提 示**
>
> 执行"视图"|"贴紧"|"编辑贴紧方式"命令，可以设置对齐容差参数值。

图3-87　贴紧对齐

3.6.3　贴紧至像素

贴紧至像素可以在舞台上将对象直接与单独的像素或像素的线条贴紧。

执行"视图"|"网格"|"显示网格"命令，显示网格，如图3-88所示，然后执行"视图"|"网格"|"编辑网格"命令，在弹出的"网格"对话框中将网格的尺寸设置为1像素×1像素，如图3-89所示。

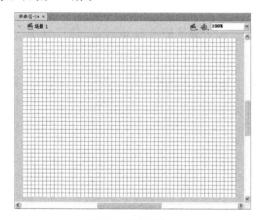

图3-88　显示网格

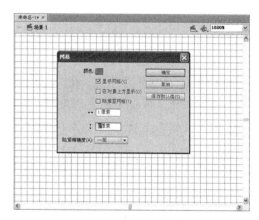

图3-89　设置网格尺寸

执行"视图"|"贴紧"|"贴紧至像素"命令，选择矩形工具，在舞台中随意绘制图形时，会发现矩形边缘贴紧至网格线，如图3-90所示。

> **提 示**
>
> 如果使用的是网格默认尺寸，那么可以执行"视图"|"贴紧"|"贴紧至网格"命令，使图形对象边缘贴紧对齐至网格边缘。

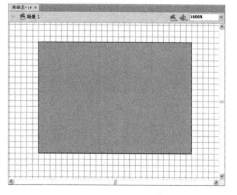

图3-90　贴紧至像素

3.7 拓展练习——制作自然景物

源 文 件:	源文件\第3章\自然景物.fla
视频文件:	视频\第3章\3-7自然景物.avi

本节将结合前面所学的内容，制作自然景物，实例效果如图3-91所示。

[01] 新建一个文档，使用矩形工具，选择渐变填充，在舞台中绘制一个矩形，并使矩形布满整个舞台，如图3-92所示。

图3-91 自然景物

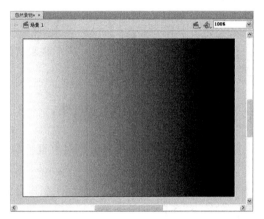

图3-92 绘制矩形

[02] 调整渐变色的颜色，并使用渐变变形工具，调整渐变的方向，制作背景天空，如图3-93所示。

[03] 新建图层2，选择铅笔工具，在图层2上绘制云朵，然后使用选择工具，选中云朵线条，单击"平滑"按钮，将曲线平滑，如图3-94所示。

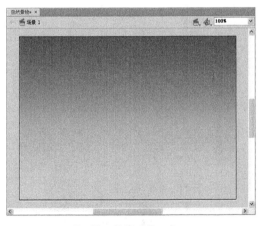

图3-93 制作背景天空

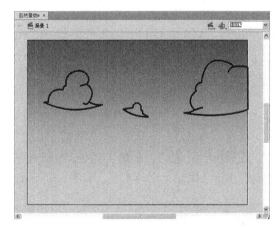

图3-94 绘制云朵

[04] 使用颜料桶工具，给云朵填充白色，然后使用选择工具选择云朵外轮廓并删除，如图3-95所示。

[05] 用同样的方法，绘制小山丘，并给小山丘填充渐变色，如图3-96所示。

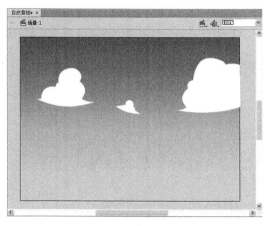

图3-95　填充颜色

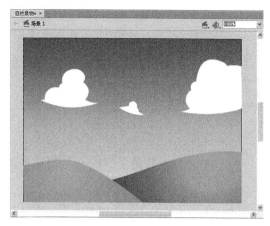

图3-96　绘制小山丘

06 新建图层3，在图层3上绘制房屋和树叶并填充颜色，如图3-97所示。

07 将文档命名为"自然景物"保存，按Ctrl+Enter组合键测试影片，欣赏自然景物最终效果，如图3-98所示。

图3-97　绘制房屋和树叶

图3-98　最终效果

3.8 本章小结

本章介绍了图形的描边与填充。通过笔触形状与样式、填充颜色学习填充与描边的操作，并通过颜料桶工具与墨水瓶工具对图形进行描边与填充操作，最后学习了"颜色"面板和"样本"面板。

- 在Flash中绘制线条后，可在工具箱中单击"伸直"按钮 和"平滑"按钮 ，对线条进行伸直或平滑处理。
- 使用工具箱中的"笔触颜色"和"填充颜色"按钮可以对图形的笔触或填充着色。选择绘制好的图形，可在"属性"面板中对填充或笔触的颜色进行设置。
- 使用颜料桶工具为图形填充颜色，使用墨水瓶工具为笔触填充颜色。使用滴管工具可以吸取颜色作为笔触色或填充色。
- 在"颜色"面板中可对图形进行纯色填充、线性渐变填充、径向渐变填充和位图填充。在"颜色"面板中可根据需要修改渐变的色值，还可添加颜色控制器。

- Flash的贴紧功能是将各个元素彼此自动对齐的一个功能。Flash舞台提供了3种贴紧对齐方法，即贴紧至对象、贴紧对齐、贴紧至像素。执行"视图"|"贴紧"命令，在弹出的子菜单中选择不同的选项即可。

3.9 课后习题

1. 填空题

（1）在使用颜料桶工具时，封闭空隙大小有_____种模式，分别为_____、_____、_____和_____。

（2）渐变色填充又分为_____和_____两种。

（3）Flash舞台提供了____种贴紧对齐方法，即_____、_____、_____。

2. 判断题

（1）使用墨水瓶工具可以更改线条或者形状轮廓的笔触颜色。（   ）

（2）在创作引导动画过程中，使用"贴紧至像素"功能，可以辅助对象更好地吸附到引导线的两端。（   ）

3. 上机操作题

（1）绘制一个矩形和一个五角星，并使用颜料桶工具分别为它们填充蓝色和黄色，如图3-99所示。

（2）绘制一个圆形，使用墨水瓶工具将它的轮廓改为红色，如图3-100所示。

图3-99 实例效果

图3-100 实例效果

第4章
编辑图形对象

在Flash中针对不同的对象也有不同的操作。本章将讲解对对象的一些基本操作，如变形、移动、复制、合并、排列等。

学习要点

- 渐变变形工具的使用
- 预览图形对象
- 图形对象的基本操作
- 合并和排列图形对象

4.1 选择对象

在Flash CS6中可以使用选择工具 选择图形、文字对象及其他影片元素，或选择图形区域和颜色区域。另外，也可以使用部分选择工具 对路径上的控制点进行选取、拖曳、调整路径方向及删除节点等操作，还可以使用套索工具 选择图形区域和颜色区域。

▶ 4.1.1 选择工具

使用选择工具 可以选择和移动图形、文字对象及其他影片元素。在工具箱中选择选择工具 ，将鼠标指针移动到要选取的椭圆上面，如图4-1所示，单击鼠标左键，即可选中并拖动图形，如图4-2所示。

图4-1　选择图形　　　　　　　　　图4-2　选择并拖动图形

将鼠标指针移动到要选取的对象上面，双击鼠标左键，即可选取整个色块以及与其相连的曲线，如图4-3所示。单击鼠标左键在舞台上移动，即可拖动选取的对象，如图4-4所示。

图4-3　选择图形　　　　　　　　　图4-4　选择并拖动图形

在舞台的空白处单击并拖动鼠标，即可出现一个灰色线框，如图4-5所示。松开鼠标，即可选取线框内的图形，如图4-6所示。

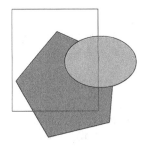　　

图4-5　选择框　　　　　　　　　　图4-6　选择框选择的图形

使用选择工具 不仅能够选择移动对象，还可以对舞台上的图形进行造型的编辑。在工具箱中选择选择工具 后，将鼠标指针移动到线条或图形的边缘，当鼠标指针变为 形状时，按住鼠标左键并拖动，即可修改线条或图形边缘的形状，如图4-7所示。

图4-7　修改线条或图形边缘的形状

4.1.2　部分选择工具

部分选择工具 是一个与选择工具 完全不同的选取工具。使用部分选择工具 可以对路径上的控制点进行选取、拖曳、调整路径方向及删除节点等操作，达到重新编辑向量图形的目的。

在工具箱中选择部分选择工具 后，单击图形，图形会出现可编辑的节点，将鼠标指针移动到要编辑的节点上，待鼠标指针变为 形状后，按住鼠标左键进行拖动即可进行编辑。

4.1.3　套索工具

使用套索工具 可以选择图形区域和颜色区域。

使用套索工具 ，可以在图形中圈选不规则的区域。在工具箱中选择套索工具，在图形上按住鼠标左键并拖动画出需要选择的图形范围，即可完成区域的选择。

当选中套索工具时，面板底部将显示套索工具的各个选项，如图4-8所示，分别为魔术棒 、魔术棒设置 和多边形模式 。使用魔术棒 可以在图形中选择一个颜色区域。单击"魔术棒设置"按钮 ，打开"魔术棒设置"对话框，即可修改魔术棒的设置，如图4-9所示。

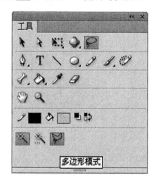

图4-8　套索工具的选项

图4-9　"魔术棒设置"对话框

4.2　图形变形操作

在Flash CS6中要执行图形变形操作，可以使用任意变形工具和渐变变形工具。

▶ 4.2.1 任意变形工具

在Flash中，要想将图形对象变形为自己需要的各种样式，可以使用任意变形工具▩。任意变形工具▩主要用于对各种对象进行缩放、旋转、倾斜扭曲和封套等操作。当选中任意变形工具▩时，工具箱底部将显示任意变形工具的各个选项，如图4-10所示。

选择任意变形工具▩，在工作区中单击将要进行变形处理的图形对象，图形四周将出现调整框，如图4-11所示。

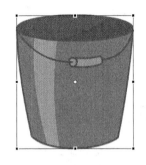

图4-10　任意变形工具的选项　　图4-11　使用任意变形工具后的调整框

用户可以通过调整框对选择的对象进行各种变形处理，也可以通过工具箱底部任意变形工具▩的各个选项来进行调整。下面介绍任意变形工具的各个选项。

1. 旋转与倾斜

单击"旋转与倾斜"按钮▣，将鼠标指针移动到所选图形边角上，按住鼠标左键并拖动，即可对选取的图形进行旋转，如图4-12所示。

移动光标到所选图像的中心，对白色的图像中心点进行位置移动，可以改变图像在旋转时的轴心位置，如图4-13所示。改变了中心位置后，旋转图像时将不再是围着图像中心旋转，如图4-14所示。

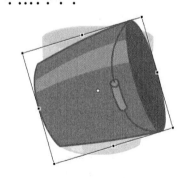
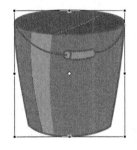
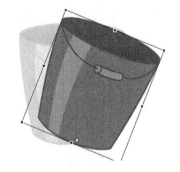

图4-12　旋转　　　　　图4-13　变换中心点位置　　　　图4-14　以中心点为轴心旋转

2. 缩放

单击"缩放"按钮▣，可以对选取的图形作水平、垂直或等比缩放。将鼠标指针移到调整框边缘，按住鼠标左键并拖动，即可缩放图形，如图4-15所示。如在按住鼠标左键并拖动的同时按住Shift键，可以等比缩放图形，如图4-16所示。

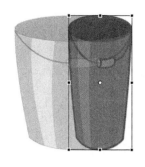

图4-15 水平缩放

图4-16 等比缩放

3. 扭曲

单击"扭曲"按钮，移动鼠标指针到所选图形边角上，按住鼠标左键并拖动，可以对选择的图形进行扭曲变形，如图4-17所示。

4. 封套

单击"封套"按钮，可以在所选图形的边框上设置封套节点，用鼠标拖动这些节点及其控制点，即可对图形进行变形，如图4-18所示。

图4-17 扭曲图形

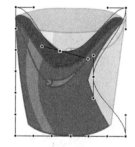

图4-18 封套变形图形

🔍 提 示

使用任意变形工具时，按下Ctrl键可将其临时切换为"扭曲"功能。

▶ 4.2.2 渐变变形工具

渐变变形工具可以对使用渐变色填充的图形对象进行渐变调整，改变填充的渐变距离和渐变方向等属性。从工具箱中选择渐变变形工具后，选中要变形的图形区域，在图形上方将显示一个带有编辑手柄的边框，如图4-19所示。

- 中心点○：渐变或位图填充的中心点位置。将鼠标指针放到"中心点"手柄上，按住鼠标左键并进行拖动，即可改变渐变或位图填充的中心点位置。
- 焦点▽：径向渐变或位图填充的焦点位置。将鼠标指针放到"焦点"手柄上，鼠标指针变为倒三角形形状，按住鼠标左键并进行拖动，即可改变径向渐变或位图填充的焦点位置。
- 宽度⊡：调整渐变或位图填充的宽度。将鼠标指针放到"宽度"手柄上，按住鼠标左键并进

行拖动，即可调整渐变或位图填充的宽度。

- 大小 ⊘：缩放渐变或位图填充的范围。将鼠标指针放到"大小"手柄上，按住鼠标左键并进行拖动，即可调整渐变或位图填充的范围。

- 旋转 ⟳：旋转渐变或位图的填充。将鼠标指针放到"旋转"手柄上，按住鼠标左键并进行拖动，即可对渐变或位图填充进行旋转。

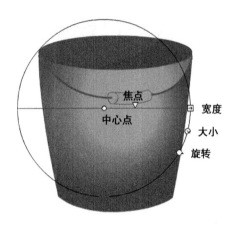

图4-19　带有编辑手柄的边框

🖱 实例：绘制流光质感按钮

源 文 件：	源文件\第4章\流光质感按钮.fla
视频文件：	视频\第4章\4-2绘制流光质感按钮.avi

　　本实例将综合使用绘图工具、渐变填充工具、任意变形工具和渐变变形工具来绘制流光质感按钮，实例效果如图4-20所示。

①1 新建文档，选择椭圆工具，按住Shift键在舞台中绘制圆形，如图4-21所示。

①2 选择圆形轮廓，按Ctrl+C组合键复制圆，然后再按Ctrl+Shift+V组合键原地粘贴圆。选择任意变形工具，按Shift+Alt组合键，同时拖动调整框四个角中的任意一个，将复制的圆等比放大，如图4-22所示。

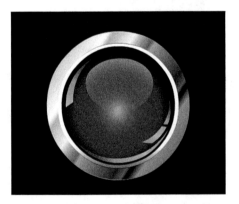 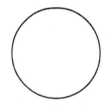 

图4-20　流光质感按钮　　　　　图4-21　绘制圆形　　　　图4-22　复制圆并调整大小

①3 选择颜料桶工具，使用渐变填充，在"颜色"面板中设置渐变填充的颜色，如图4-23所示，然后向里面的圆填充颜色，如图4-24所示。

①4 选择渐变变形工具，单击填充色，调整渐变填充，如图4-25所示。

①5 使用同样的方法，给外面的圆填充颜色，如图4-26所示。

①6 使用同样的方法，给外轮廓线条填充渐变色，如图4-27所示。

07 新建图层，使用椭圆工具，绘制圆，如图4-28所示。

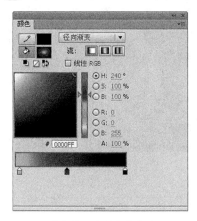

图4-23　设置渐变颜色

图4-24　填充渐变色

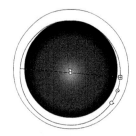

图4-25　调整渐变填充

图4-26　填充渐变色

图4-27　给轮廓填充渐变色

图4-28　绘制圆

08 使用渐变填充工具填充颜色，并使用渐变变形工具调整图形，如图4-29所示。

09 新建图层3，在图层3上绘制图形，给图形填充渐变颜色并使用渐变变形工具调整图形，如图4-30所示。

10 新建图层4，在图层4上绘制高光，填充渐变色并使用渐变变形工具调整图形，如图4-31所示。

图4-29　填充渐变色

图4-30　绘制图形

图4-31　绘制高光

11 新建图层5，在图层5上绘制高光，并填充颜色，如图4-32所示。

12 执行"修改"｜"文档"命令，在弹出的"文档设置"对话框中，设置文档的背景颜色为深蓝色，如图4-33所示，然后单击"确定"按钮。

13 执行"文件"｜"保存"命令，保存文档。至此，流光质感按钮绘制完成，按Ctrl+Enter组合键测试影片，欣赏流光质感按钮的最终效果，如图4-34所示。

图4-32　绘制高光

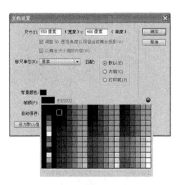

图4-33　设置文档背景颜色

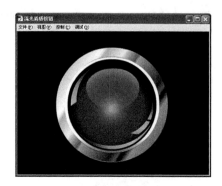

图4-34　最终效果

4.3　预览图形对象

　　Flash中的预览模式是一项可以调整各种显示模式的功能，用户根据需要调整显示模式可以加快显示速度。

4.3.1　轮廓预览

　　执行"视图"|"预览模式"命令，打开"预览模式"子菜单，如图4-35所示，可以对Flash的显示模式进行设置。在"预览模式"子菜单下的命令为"轮廓"、"高速显示"、"消除锯齿"、"消除文字锯齿"以及"整个"。

　　轮廓预览：执行"视图"|"预览模式"|"轮廓"命令，舞台中的图形将会以边线轮廓显示，如图4-36所示。

图4-35　"预览模式"子菜单

图4-36　轮廓预览

4.3.2　消除文字锯齿

　　消除文字锯齿是Flash中常用的预览模式，它可以轻松地为Flash中的文字消除锯齿，使文字的边缘更加平滑。但是如果文档中的文字很多，执行"消除文字锯齿"命令后，显示速度会变慢。

4.4　对象的基本操作

　　在Flash中可以对已创建好的图形对象进行编辑，其中最基本的操作是移动、复制和删除。

⊙ 4.4.1 移动

移动功能可以将每个图形放到合适的位置。移动对象可以调整图形的位置，能够在绘制图形过程中，使其不相互影响。移动对象包括多种情况，不同的方式得到的效果也不尽相同。

1. 通过拖动来移动对象

[01] 选择一个或多个图形对象。

[02] 使用选择工具，将鼠标指针放在对象上方，按住鼠标左键并拖动对象。

2. 用快捷键移动对象

[01] 选择一个或多个对象。

[02] 按住键盘上的方向键，即可移动所选对象，一次移动1个像素。若按下Shift+方向键，即可让所选对象一次移动10个像素。

3. 使用"属性"面板移动对象

[01] 选择一个或多个对象。

[02] 执行"窗口"|"属性"命令，打开"属性"面板，如图4-37所示。

[03] 在"属性"面板的"位置和大小"栏中，输入X和Y值，如图4-38所示。

图4-37 "属性"面板　　　　　　　　图4-38 修改对象位置属性

4. 通过"信息"面板移动对象

[01] 选择一个或多个对象。

[02] 执行"窗口"|"信息"命令，打开"信息"面板，如图4-39所示。

[03] 在"信息"面板的右上角位置，输入X和Y值，如图4-40所示。

图4-39 "信息"面板　　　　　　　　图4-40 修改对象位置信息

创意大学
Flash CS6标准教材

4.4.2　复制

在Flash中，图形对象的复制包括多种方式。

选中需要复制的图形对象，执行"编辑"|"复制"命令（快捷键：Ctrl+C），如图4-41所示，即可将图形复制到剪切板上，然后再执行"编辑"|"粘贴至中心位置"命令（快捷键：Ctrl+V），如图4-42所示，即可将图形粘贴至舞台中心位置。如果执行"编辑"|"粘贴至当前位置"命令（快捷键：Ctrl+Shift+V），如图4-43所示，粘贴后的图形对象将与原来的图形重合，可以通过移动对象来查看粘贴后的图形对象。

图4-41　执行"复制"命令　　图4-42　执行"粘贴到中心位置"命令　　图4-43　执行"粘贴到当前位置"命令

复制对象时，还可以通过执行"编辑"|"直接复制"命令（快捷键：Ctrl+D），如图4-44所示，对图形对象进行有规律的复制，如图4-45所示。

图4-44　执行"直接复制"命令

图4-45　直接复制

另外，还可以通过按住Ctrl或Alt键，在图像上方按住鼠标左键不放进行拖动，复制对象。

4.4.3　删除

当不需要舞台中的某个图形时，使用选择工具选中该图形对象后，执行"编辑"|"清除"命令，即可删除选中的图形对象。或者用选择工具选中该图形对象后，按Delete键也可以删除选中的图形对象。

4.5　合并图形对象

Flash动画中的合并对象，是配合"对象绘制"功能使用的应用，可以通过不同图形之间的合并或改变现有对象来创建新形状。"合并对象"子菜单下有4个命令，分别为"联合"、"交集"、"打孔"、"裁切"。这些命令都是用以配合"对象绘制"功能的使用。

4.5.1 联合

"联合"命令可以将两个或多个形状合并成单个形状，并生成一个"对象绘制"模型形状，它由联合前的两个或多个形状上所有可见的部分组成，且将裁剪掉形状上不可见的重叠部分。

01 打开"对象绘制"功能，在舞台上绘制多个图形。使用选择工具，选中多个图形对象，如图4-46所示。

02 执行"修改"｜"合并对象"｜"联合"命令，即可将选中的图形合并成一个图形对象，如图4-47所示。

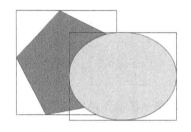

图4-46 联合前

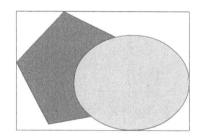

图4-47 联合效果

4.5.2 交集

"交集"命令可以创建两个或多个对象的交集对象。生成的图形由两个或多个图形重叠的部分组成，并将裁剪掉图形上任何不重叠的部分。交集后产生的新图形是上面图形被留下来的部分。

01 打开"对象绘制"功能，在舞台上绘制多个图形。使用选择工具，选择多个图形，如图4-48所示。

02 执行"修改"｜"合并对象"｜"交集"命令，即可生成一个交集图形对象，如图4-49所示。

图4-48 交集前

图4-49 交集效果

4.5.3 打孔

"打孔"命令有点类似于咬合，可以删除所选图形的某些部分，这些部分由所选图形与排在

所选图形上方的另一个所选图形的重叠部分来定义。

01 打开"对象绘制"功能，在舞台上绘制多个图形。使用选择工具，选择多个图形，如图4-50所示。

02 执行"修改"|"合并对象"|"打孔"命令，即可生成一个打孔图形对象，如图4-51所示。

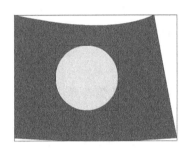
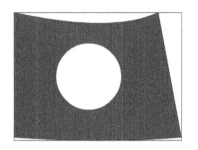

图4-50　打孔前　　　　　　　　　　　　　图4-51　打孔效果

4.5.4　裁切

"裁切"命令可以对两个图形对象进行裁剪，且将以最上面的图形定义裁切区域的形状，舞台上留下的图形将保留与最上面图形重叠的任何下层图形部分，并删除下层图形其他部分，完全删除最上面的图形。

01 打开"对象绘制"功能，在舞台上绘制多个图形。使用选择工具，选择多个图形，如图4-52所示。

02 执行"修改"|"合并对象"|"裁切"命令，即可生成一个裁切图形对象，如图4-53所示。

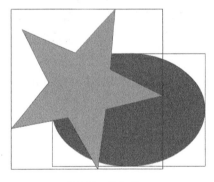

图4-52　裁切前　　　　　　　　　　　　　图4-53　裁切效果

实例：绘制卡通汽车

源　文　件：	源文件\第4章\卡通汽车.fla
视频文件：	视频\第4章\4-5绘制卡通汽车.avi

本实例将结合矩形工具、椭圆工具还有合并图形对象功能来绘制卡通汽车，实例效果如图4-54所示。

01 新建文档，选择矩形工具，打开"对象绘制"功能，在舞台中绘制矩形，然后选择椭圆工具，在舞台中绘制椭圆，如图4-55所示。

02 使用选择工具选择两个图形，执行"修改"|"合并对象"|"裁切"命令，即可裁切出卡通车棚，如图4-56所示。

图4-54 卡通汽车

图4-55 绘制图形

图4-56 卡通车棚

03 将卡通车棚移出舞台，然后在舞台中绘制图形，如图4-57所示。

04 使用选择工具选择两个图形，执行"修改"|"合并对象"|"裁切"命令，即可裁切出图形，如图4-58所示。

05 选择矩形工具，绘制矩形，如图4-59所示。

图4-57 绘制图形

图4-58 裁切图形

图4-59 绘制矩形

06 使用选择工具选择两个图形，执行"修改"|"合并对象"|"交集"命令，得出图形，如图4-60所示。

07 将绘制好的卡通车棚移到舞台中，并单击鼠标右键，执行"排列"|"移至顶层"命令，将其移至最上方，如图4-61所示。

08 使用选择工具选择两个图形，执行"修改"|"合并对象"|"联合"命令，得出卡通车身，如图4-62所示。

图4-60 图形

图4-61 排列图形

图4-62 卡通车身

09 将卡通车身移出舞台，然后在舞台中绘制图形，如图4-63所示。

10 使用选择工具选择两个图形，执行"修改"|"合并对象"|"交集"命令，得出一扇车窗，如图4-64所示。

11 用同样的方法绘制出另一扇车窗，如图4-65所示。

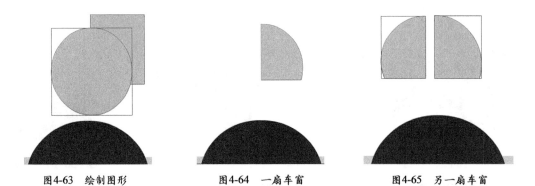

图4-63　绘制图形　　　　　　图4-64　一扇车窗　　　　　　图4-65　另一扇车窗

12 使用选择工具选择两扇车窗，执行"修改"|"合并对象"|"联合"命令，完成车窗制作，如图4-66所示。

13 将绘制好的卡通车身移动至舞台中，调整车窗和车身的位置大小关系，如图4-67所示。

14 使用选择工具选择车窗和车身，执行"修改"|"合并对象"|"联合"命令，完成卡通汽车车身的制作，如图4-68所示。

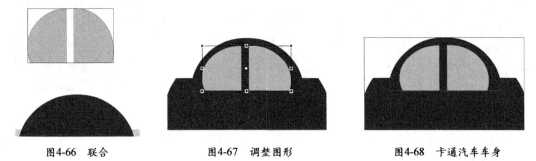

图4-66　联合　　　　　　图4-67　调整图形　　　　　　图4-68　卡通汽车车身

15 使用椭圆工具，绘制两个圆形，如图4-69所示。

16 使用选择工具选择两个圆形，执行两次"修改"|"合并对象"|"打孔"命令，即可得出图形，如图4-70所示。

17 使用椭圆工具，绘制两个圆形，如图4-71所示。

图4-69　绘制圆形　　　　　　图4-70　打孔　　　　　　图4-71　绘制圆形

⑱ 使用选择工具选择两个圆形，执行"修改"|"合并对象"|"打孔"命令，即可得出一个车轮，如图4-72所示。

⑲ 使用同样的方法绘制出另一个车轮，然后使用选择工具选择所有图形，执行"修改"|"合并对象"|"联合"命令，将所有图形联合起来，如图4-73所示。

⑳ 执行"文件"|"保存"命令，在弹出的"另存为"对话框中，在"文件名"后面的文本框中输入"卡通汽车"，如图4-74所示，然后单击"保存"按钮保存文档。至此，卡通汽车绘制完成。

图4-72　车轮

图4-73　联合所有图形

图4-74　保存文档

4.6　组合、排列和分离对象

在Flash CS6中，可以将图形对象组合为一个整体，也可以将组合、实例、文本和位图等元素分离为单独的可编辑元素。

▶ 4.6.1　组合对象

组合是指将两个或多个不同的对象组合在一起作为一个整体对象，可以进行选择和移动。组合后的对象能够被一起进行移动、复制、缩放和旋转等操作，如此可以节省编辑时间。组合对象的操作步骤如下。

⓵ 使用选择工具选择要组合的图形对象，如图4-75所示。

⓶ 执行"修改"|"组合"命令，或者使用快捷键Ctrl+G，即可组合对象，如图4-76所示。

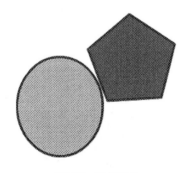

图4-75　选择对象

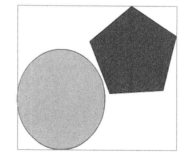

图4-76　组合对象

> 🔍 提示
>
> 如果要取消组合，选中组合的对象，执行"修改"|"取消组合"命令即可。

4.6.2 排列对象

在同一个图层内，Flash会根据绘制的图形组合或元件的创建顺序层叠对象。当多个组合图形放在一起时，可以通过"排列"子菜单中的命令调整所选组合在舞台中的前后层次关系。

要排列对象，只需选中对象，然后执行"修改"|"排列"命令，在该命令弹出的子菜单中选择排列方式即可，如图4-77所示。

- 移至顶层：将选中的对象上移到最顶层的位置。
- 上移一层：将选中的对象上移一层位置。
- 下移一层：将选中的对象下移一层位置。
- 移至底层：将选中的对象移动到最下面一层的位置。

图4-77 "排列"子菜单

4.6.3 分离对象

分离又叫打散，是指将组合、文本、位图、元件、实例以及从外部嵌入的对象分离为单独的可编辑元素，从而减小图形的大小。

选中要分离的对象后，执行"修改"|"分离"命令，即可将对象分离为单独的可编辑元素。

通过"分离"命令还可以将位图转换成填充。在应用于文本块时，会将每个字符放入单独的文本块中；在应用于单个文本字符时，会将字符转换成轮廓。

> 🔍 **提 示**
>
> "分离"命令不同于"取消组合"命令，"取消组合"命令可以将组合的对象分开，并将组合的元素返回到组合之前的状态，但不会分离位图、实例或文字。

4.7 对齐对象

在Flash中绘制好多个图形对象后，要将这些图形整齐、有规律地排列在舞台中，可以执行"修改"|"对齐"子菜单中的命令，也可以执行"窗口"|"对齐"命令打开"对齐"面板，在"对齐"面板中操作，即可调整所选图形的相对位置关系。

4.7.1 "对齐"面板

执行"窗口"|"对齐"命令打开"对齐"面板，如图4-78所示。

图4-78 "对齐"面板

4.7.2 "对齐"子菜单

执行"修改"|"对齐"命令打开"对齐"子菜单,如图4-79所示。

"对齐"面板与"对齐"子菜单中的功能大部分都一样。下面用一个例子,如图4-80所示,介绍对齐的几种功能。

图4-79 "对齐"子菜单

图4-80 原图

- 左对齐■: 将舞台中所有的图形按左对齐排列,如图4-81所示。
- 水平居中■: 将舞台中所有的图形按水平居中排列,如图4-82所示。

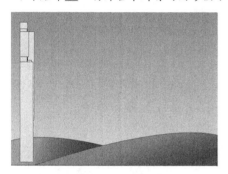

图4-81 左对齐

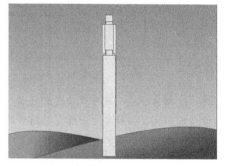

图4-82 水平居中

- 右对齐■: 将舞台中所有的图形按右对齐排列,如图4-83所示。
- 顶对齐■: 将舞台中所有的图形按顶对齐排列,如图4-84所示。

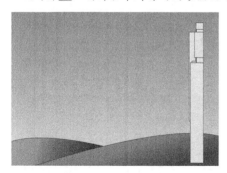

图4-83 右对齐

图4-84 顶对齐

- 垂直居中■: 将舞台中所有的图形按垂直居中排列,如图4-85所示。
- 底对齐■: 将舞台中所有的图形按最底位置的图像底部对齐排列,如图4-86所示。

在"对齐"子菜单中,不但包括对齐方式,还包括对象的分布方式,分别是"按宽度均匀分布"、"按高度均匀分布"、"设为相同宽度"和"设为相同高度"4种。下面也用一个例子来介

绍这4种分布方式，如图4-87所示。

- 按宽度均匀分布：将舞台中所有的图形按平均间隔宽度排列，如图4-88所示。

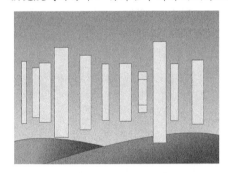

图4-85　垂直居中

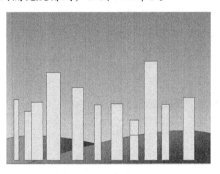

图4-86　底对齐

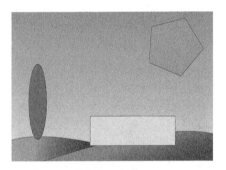

图4-87　原图

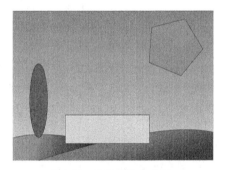

图4-88　按宽度均匀分布

- 按高度均匀分布：将舞台中所有的图形按平均间隔高度排列，如图4-89所示。
- 设为相同宽度：将舞台中所有的图形宽度调整为相同，如图4-90所示。

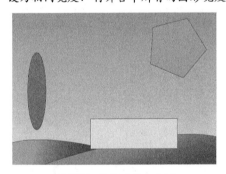

图4-89　按高度均匀分布

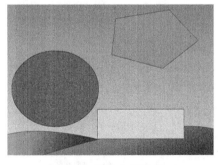

图4-90　设为相同宽度

- 设为相同高度：将舞台中所有的图形高度调整为相同，如图4-91所示。

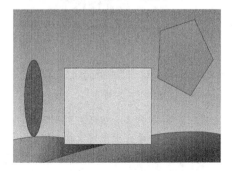

图4-91　设为相同高度

实例：制作百叶窗

源 文 件：	源文件\第4章\百叶窗.fla
视频文件：	视频\第4章\4-7制作百叶窗.avi

本实例将结合绘图工具和对齐对象功能来实现百叶窗的绘制，实例效果如图4-92所示。

01 新建文档，执行"修改"|"文档"命令，打开"文档设置"对话框，如图4-93所示。

02 在"文档设置"对话框中设置文档的背景颜色为蓝色。在工具箱中选择矩形工具▣，绘制图形，如图4-94所示。

图4-92　百叶窗

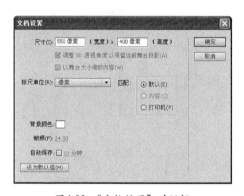

图4-93　"文档设置"对话框

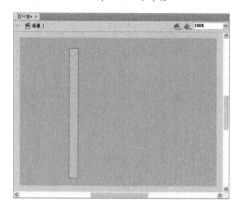

图4-94　绘制矩形

03 使用选择工具，选择已绘制的图形，将其复制多个，如图4-95所示。

04 执行"窗口"|"对齐"命令，打开"对齐"面板，选中"与舞台对齐"复选框，如图4-96所示。

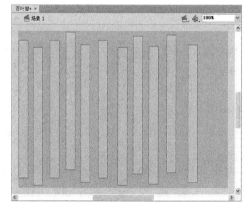

图4-95　复制矩形

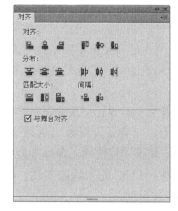

图4-96　"对齐"面板

05 选中所有矩形，单击"匹配高度"按钮▣，矩形的高度与舞台匹配，如图4-97所示。

06 选中所有的矩形，单击"顶对齐"按钮▣，将矩形对齐至舞台顶部，如图4-98所示。

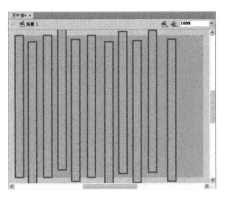

图4-97　匹配高度

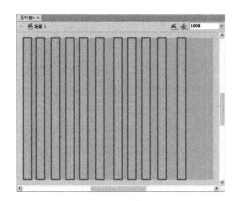

图4-98　顶对齐

07 选中所有矩形，单击"水平平均间隔"按钮，排列矩形，如图4-99所示。

08 至此，百叶窗制作完成，按Ctrl+Enter组合键测试影片，如图4-100所示。

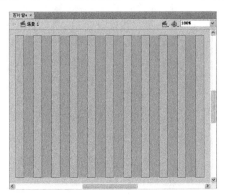

图4-99　水平平均间隔

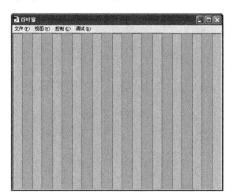

图4-100　测试影片

4.8　拓展练习——绘制灯光

源 文 件：	源文件\第4章\灯光.fla
视频文件：	视频\第4章\4-8灯光.avi

　　本节将综合使用绘图工具、渐变填充工具、任意变形工具和渐变变形工具来绘制灯光，实例效果如图4-101所示。

01 新建文档，执行"文件"|"导入"|"导入到舞台"命令，将背景素材导入到舞台中。使用任意变形工具，调整图片使其适合舞台大小，如图4-102所示。

02 新建图层2，使用绘图工具，绘制轮廓，如图4-103所示。

03 使用颜料桶工具，选择渐变填充，在"颜色"面板中设置渐变颜色，如图4-104所示。

04 向轮廓内填充渐变色，然后删除图形轮廓，如图4-105所示。

图4-101　灯光

图4-102　调整图片大小

图4-103　绘制图形轮廓

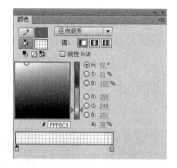

图4-104　"颜色"面板

图4-105　填充渐变色

05 选择渐变变形工具，调整渐变色，如图4-106所示。

06 新建图层3，使用绘图工具，绘制轮廓，如图4-107所示。

图4-106　调整渐变色

图4-107　绘制图形轮廓

07 使用颜料桶工具，向图形内填充渐变色，然后删除图形轮廓，如图4-108所示。

08 使用渐变变形工具，调整渐变色，如图4-109所示。

图4-108　填充渐变色

图4-109　调整渐变色

09 新建图层4，在图层4上绘制轮廓，如图4-110所示。

10 使用颜料桶工具，选择渐变填充，在"颜色"面板中设置渐变颜色，如图4-111所示。

图4-110　绘制图形轮廓

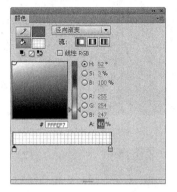

图4-111　"颜色"面板

11 使用颜料桶工具，向图形内填充渐变色，然后删除图形轮廓，如图4-112所示。

12 使用渐变变形工具，调整渐变色，如图4-113所示。

图4-112　填充渐变色

图4-113　调整渐变色

13 按照上面的方法，新建图层，再绘制一个轮廓，填充渐变色，并使用渐变变形工具调整图形，如图4-114所示。

14 执行"文件"|"保存"命令，保存文档。至此，灯光绘制完成。按Ctrl+Enter组合键测试影片，如图4-115所示。

图4-114　绘制渐变图形

图4-115　测试影片

4.9 本章小结

本章介绍了使用选择工具选择对象，使用变形工具对图形进行变形操作，对象的基本操作，合并图形对象等，最后介绍了"对齐"面板的使用。希望读者通过对本章内容的学习，能够与绘图工具相配合，编辑制作出个性十足、造型精美的动画作品。

- 使用选择工具、部分选择工具及套索工具可对图形进行选择及编辑操作。若要编辑导入的位图，需要将位图打散，否则不能进行编辑。
- 使用任意变形工具可对图形进行缩放、旋转、倾斜及扭曲。使用渐变变形工具可对渐变色或位图填充色进行渐变调整。
- Flash动画中的合并对象，是配合"对象绘制"功能使用的应用，可以通过不同图形之间的合并或改变现有对象来创建新形状。"合并对象"子菜单下有4个命令，分别为"联合"、"交集"、"打孔"、"裁切"。
- 在Flash中绘制好多个图形对象后，要将这些图形整齐、有规律地排列在舞台中，可以执行"修改"|"对齐"子菜单中的命令，也可以执行"窗口"|"对齐"命令打开"对齐"面板，在"对齐"面板中操作，即可调整所选图形的相对位置关系。

4.10 课后习题

1. 填空题

（1）在Flash中选择对象时可以使用的工具有_____、_____和_____。

（2）_____主要用于对各种对象进行缩放、旋转、倾斜扭曲和封套等操作。

（3）使用_____可以选择图形区域和颜色区域。

2. 判断题

（1）任意变形工具可以对使用颜色填充的对象进行渐变调整，改变填充的渐变距离和渐变方向。（　　）

（2）使用对齐功能，可以通过执行"修改"|"对齐"子菜单中的命令，也可以通过在"对齐"面板中操作。（　　）

3. 上机操作题

绘制两个五角星并将它们组合在一起，如图4-116所示。

图4-116　组合图形

第5章
创建文本与编辑文本对象

本章主要讲述文本工具在Flash中的应用。文本是制作动画时必不可少的元素，通过转变文本，可以对文本进行更复杂、更自由的编辑，使文本呈现出更加丰富多彩的效果。

学习要点

- 了解文本工具的基本属性
- 掌握文本工具的使用方法
- 掌握为文本添加超链接
- 掌握文本对象的编辑方法

5.1 文本类型

在很多成功的Flash制作的网页和广告上，经常会看到利用文字制作的特效动画。Flash包括两种文本引擎：传统文本和TLF文本，这两种文本引擎又分别包含不同的文本类型。

5.1.1 传统文本

传统文本可以分为静态文本、动态文本和输入文本3种类型。用户可以在文本工具的"属性"面板中来转换文本的类型，如图5-1、图5-2所示。

图5-1 文本工具"属性"面板

图5-2 传统文本类型

- 静态文本：此文本是影片中不需要变化的文本，主要应用于文字的输入与编排，显示影片中的文本内容。无法通过编程使用一个静态文本制作动画。
- 动态文本：动态显示文本内容的范围，主要应用于数据的更新，常在如体育得分、股票报价或天气预报中使用。
- 输入文本：用户可以将文本输入到表单或调查表中，主要应用于交互式操作，用于获取用户信息。此文本与动态文本是同一个类型派，拥有和动态文本同样的一组属性和方法。

5.1.2 TLF文本

在文本工具的"属性"面板中单击"文本引擎"按钮，可以选择TLF文本，如图5-3所示。TLF文本是自Flash CS5新增的文本引擎，具有比传统文本更强大的功能。TLF文本也包含3种文本类型，分别是只读、可选以及可编辑，如图5-4所示。

图5-3 TLF文本

图5-4 TLF文本类型

- 只读：当影片以SWF文件发布时，此文本无法选中或编辑。
- 可选：当影片以SWF文件发布时，此文本可以选中并可复制到剪贴板，但不可以编辑。
- 可编辑：当影片以SWF文件发布时，此文本可以选中和编辑。

TLF文本只可用于ActionScript 3.0创建的场景中。此文本支持更多丰富的文本布局功能和对文本属性的精细控制。与传统文本相比，TLF文本增加了更多的字符样式、更多的段落样式，可以控制更多亚洲字体属性，应用多种其他属性，可排列在多个文本容器中以及支持双向文本功能。

5.2　文本的基本操作

虽然Flash的文字处理能力不能与一些图形处理软件相比，但是对于一个动画软件来说，其文字处理能力是不容小觑的。在本节将介绍文本的基本操作：创建文本和嵌入文本。

5.2.1　创建文本

在Flash中文本的创建方法很简单，只需要在工具箱中选择文本工具 T，在舞台中创建文本框，然后在文本框内输入内容即可。

创建文本有两种方法，即创建可扩展文本和限制范围文本。

1. 创建可扩展文本

在工具箱中选择文本工具 T，在"属性"面板的"字符"栏里进行相应的设置，如图5-5所示，然后将鼠标指针移动到舞台中，单击鼠标左键，创建可扩展文本框，在文本框中输入文字即可，如图5-6所示。

2. 创建限制范围文本

使用文本工具 T，在文本开始的位置按住鼠标左键不放，拖到所需的宽度，如图5-7所示，松开鼠标。输入文本时，文本框的宽度是固定的，不会横向延伸，但是可以自动换行，如图5-8所示。

图5-5　设置字符

图5-6　创建可扩展文本

图5-7　创建限制范围框

图5-8　创建限制范围文本

5.2.2　嵌入文本

嵌入文本是能够保证SWF文件中的字体在所有计算机上可用的一项命令。

执行"文本"|"字体嵌入"命令，或者在"属性"面板中单击"嵌入"按钮，如图5-9红线

框内所示，即可弹出"字体嵌入"对话框，如图5-10所示。

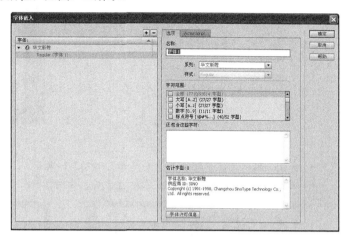

图5-9 "嵌入"按钮　　　　　图5-10 "字体嵌入"对话框

用户可以通过"字体嵌入"对话框执行以下操作。

- 可以将所有嵌入的字体放在一个位置管理。
- 可以为每个嵌入的字体创建字体元件。
- 可以自定义嵌入的字符范围。
- 可以将嵌入的字体元件共享，应用在每个文本中。

5.3　文本属性设置

当创建完文本后，选中该文本，可通过"属性"面板对文本的相关属性进行修改。

5.3.1　文本大小与方向

当创建好文本后，若需要改变文本的大小和文字的方向，可以通过"属性"面板相关的属性进行调整和修改。

1. 文本大小

在文本工具"属性"面板的"位置和大小"一栏中可以设置文本的位置与大小，如图5-11所示。

将鼠标指针放在需要改变的数值上，按住鼠标左键左右拖动，即可改变文本的位置与大小。

将宽度值和高度值锁定在一起按钮：当激活这个选项后，调整文本的宽度时，文本的高度也随着宽度的改变而改变。

2. 文本方向

在Flash中，可以根据需要改变输入的文本方向。在文本工具的"属性"面板中，单击改变文本方向按钮，即可打开文本方向下拉菜单，如图5-12所示。

- 水平：输入的文本按水平方向显示，如图5-13所示。

图5-11 设置文本大小

图5-12 设置文本方向

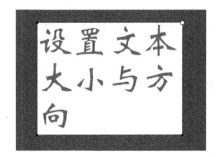

图5-13 水平

- 垂直：输入的文本按垂直方向显示，如图5-14所示。
- 垂直，从左向右：输入的文本按垂直居左方向显示，如图5-15所示。

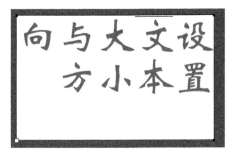

图5-14 垂直

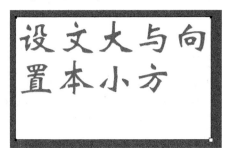

图5-15 垂直，从左向右

5.3.2 字符与段落属性

在文本工具"属性"面板中除了可以调整位置和大小以外，还可以调整字符和段落。

1. 字符

打开文本工具"属性"面板中的"字符"选项栏，如图5-16所示。

- 系列：修改文本字体。单击右侧的下拉按钮，可以在弹出的下拉列表中选择文本的字体，如图5-17所示。也可以通过执行"文本"|"字体"命令，选择需要的字体。

图5-16 "字符"选项栏

图5-17 选择字体

- 样式：执行"文本"|"样式"命令，可以修改字体样式，还可以嵌入文本，将嵌入的文本的字体应用到当前的文本中。

- 大小: 修改文本字体的大小。将鼠标指针放在"大小"后面的数字上方,按住鼠标左键左右拖动,即可调整字体大小。另外,还可以手动输入,单击数字区,直接输入需要的字号即可,如图5-18所示。也可以通过执行"文本"|"大小"命令,修改当前文字的字体大小。
- 颜色: 设置或改变当前文本的颜色。单击颜色按钮 颜色:■■■ 弹出色板,如图5-19所示,从色板中可为当前文本选择一种颜色。

图5-18　设置文字大小

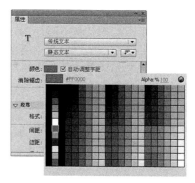

图5-19　设置文字颜色

2. 段落

文本工具"属性"面板中的"段落"选项栏,如图5-20所示,主要用来调整文本的对齐方式以及行距等选项,以改变段落文字的显示外观。

- 左对齐: 将文本框中的文字按左对齐排列,如图5-21所示。

图5-20　"段落"选项栏

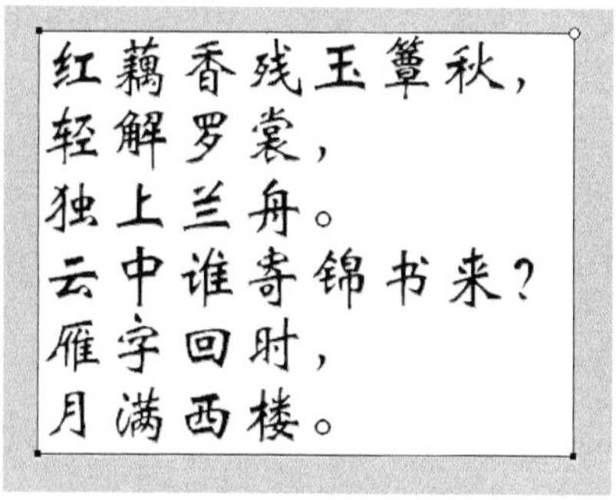

图5-21　左对齐

- 居中对齐: 将文本框中的文字按居中对齐排列,如图5-22所示。
- 右对齐: 将文本框中的文字按右对齐排列,如图5-23所示。
- 两端对齐: 将文本框中的文字按两端对齐排列。

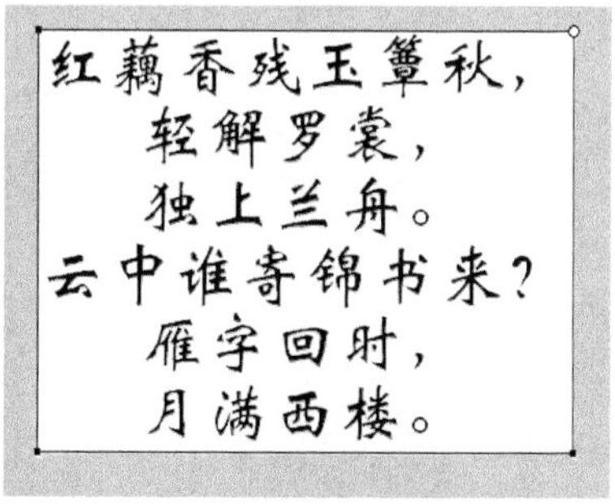

图5-22　居中对齐

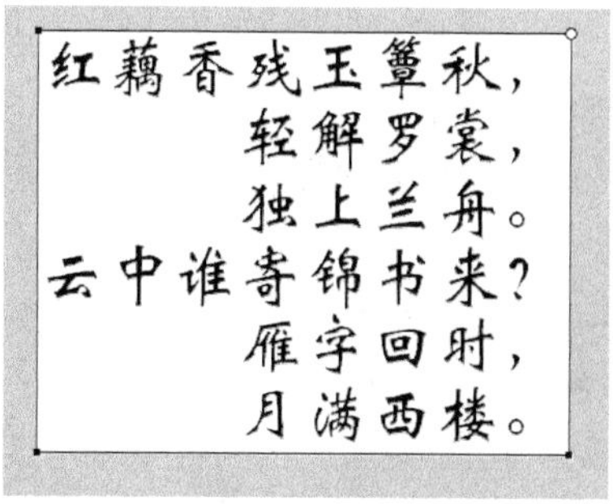

图5-23　右对齐

5.4　编辑文本

当创建完文本后，还可对文本进行编辑修改，以达到预期的效果。

▶ 5.4.1　分离文本

通过改变文本的大小、方向，改变字体、字体大小、字体颜色，改变字体对齐方式等可以改变文本的外观，但还是无法脱离文字的限制，无法改变文字外形等。如果分离文本，将文本转换为图形，就可以对其进行修改，制作出各种文字效果。

将文本转换为图形的步骤如下。

01 使用选择工具选中文本，如图5-24所示。

02 执行"修改"|"分离"命令，或者使用快捷键Ctrl+B，将段落文本分离为单个文字，如图5-25所示。

图5-24　选中文本

图5-25　分离为单个文字

03 再执行一次"修改"|"分离"命令，将单个文字转换为图形，如图5-26所示，然后就可以修改文字的形状了，如图5-27所示。

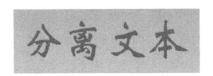

图5-26　分离为图形

图5-27　改变形状

▶ 5.4.2　为文本添加超链接

在观看Flash动画时，单击某些文字，可以跳转到网页或者网站。像这样的文字，是在Flash中添加链接的文本。

在文本工具"属性"面板的"选项"栏中，如图5-28所示，可以为文字对象添加链接。

下面将介绍如何为文本添加链接。

01 选择工具箱中的文本工具T，输入文本"美丽花园"，如图5-29所示。

02 使用选择工具▶选中文本，在"属性"面板中的

链接：[   ]文本框中输入"http: //

图5-28　"属性"选项栏

www.douhua.com", 设置链接地址, 如图5-30所示。

图5-29　输入"美丽花园"文本

图5-30　为文本添加链接

03 执行"文件"|"保存"命令, 在弹出的"另存为"对话框中输入文件名, 如图5-31所示, 单击"保存"按钮, 保存文档。

04 按Ctrl+Enter组合键测试影片, 当鼠标指针指向链接的文字时, 鼠标指针会变成手状, 如图5-32所示, 单击即可打开链接的网站。

图5-31　保存文档

图5-32　预览效果

🔍 提示

在Flash CS6中不能为竖排文本创建链接。

▶ 5.4.3　将文本分散到图层

分散到图层这个功能被历代Flash所保留, Flash CS6也不例外。若要为文本中的字逐个添加补间动画, 使用分散到图层功能将大大提高工作效率。使用分散到图层功能的步骤如下。

01 在舞台中新建文本框, 输入文本, 如图5-33所示。

02 使用选择工具选中文本, 执行"修改"|"分离"命令, 将文本分离一次, 如图5-34所示。

图5-33　输入文本

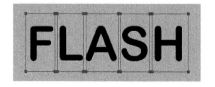

图5-34　分离文本

03 选择所有文字，执行"修改"|"时间轴"|"分散到图层"命令，如图5-35所示，即可将文本分散到各个图层，如图5-36所示。

图5-35 执行"分散到图层"命令

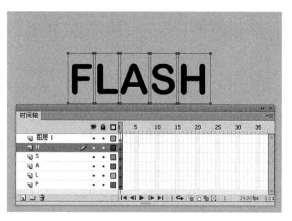

图5-36 将文本分散到图层

实例：制作风吹字效

源 文 件：	源文件\第5章\风吹字效.fla
视频文件：	视频\第5章\5-4风吹字效.avi

本实例将制作的是风吹字的效果，通过将文本分散到图层，创建图形元件，并添加传统补间动画完成。最终效果如图5-37所示。

01 新建一个Flash文档，绘制背景，如图5-38所示。

02 在工具箱中选择文本工具，设置好文字属性，在舞台中输入"红叶飞舞"文本，如图5-39所示。

图5-37 风吹字效

图5-38 绘制背景

图5-39 输入"红叶飞舞"文本

03 将文本分离一次，如图5-40所示，然后执行"分散到图层"命令，将文本分散到图层，再将"图层1"移至最底层。

04 选择"红"文本,单击鼠标右键,执行"转换为元件"命令,如图5-41所示,即可弹出"转换为元件"对话框,如图5-42所示,在"类型"下拉列表中选择"图形"选项,然后单击"确定"按钮,即可将"红"文本转换为图形元件。依次将所有文本都转换为图形元件。

05 在所有图层的第45帧处单击鼠标右键,在弹出的快捷菜单中执行"插入关键帧"命令,插入关键帧,如图5-43所示。

图5-40 分离文本　　　　　　　　　　图5-41 执行"转换为元件"命令

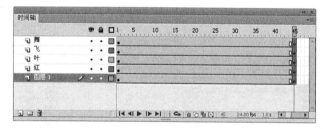

图5-42 "转换为元件"对话框　　　　　　图5-43 插入关键帧

06 选择所有的图形元件,按住鼠标左键不放向右上方移动,如图5-44所示。

07 选择"红"图形元件,执行"窗口"|"变形"命令打开"变形"面板,设置缩放宽度和高度为120%,旋转角度为-40,如图5-45所示。

图5-44 移动图形元件　　　　　　　　图5-45 调整图形元件样式

08 选中"红"图形元件,在"属性"面板中将其样式设置为Alpha,并设置Alpha值为0,即不透明度为0,如图5-46所示。

09 用同样的方法设置其他的图形元件，并选中任意一个图形元件，执行"修改"|"变形"|"水平翻转"命令，如图5-47所示，将其水平翻转。

图5-46 设置图形元件透明度   图5-47 执行"水平翻转"命令

10 在图层"舞"中选择除关键帧外的任意一帧，单击鼠标右键，在弹出的**快捷菜单**中执行"创建传统补间"命令，如图5-48所示，为图层创建传统补间动画。用相同的方法分别为图层"飞"、"叶"、"红"创建传统补间动画，如图5-49所示。

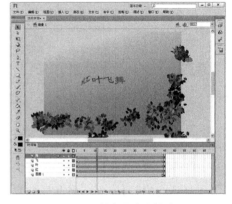

图5-48 执行"创建传统补间"命令   图5-49 创建传统补间动画

11 执行"文件"|"保存"命令，在弹出的"另存为"对话框中输入文件名"风吹字效"，如图5-50所示，单击"保存"按钮，保存文档。最后按Ctrl+Enter组合键测试影片，最终效果如图5-51所示。

图5-50 保存文档   图5-51 最终效果

实例：制作跳跃文字

源 文 件：	源文件\第5章\跳跃文字.fla
视频文件：	视频\第5章\5-4跳跃文字.avi

本实例将制作的是跳跃文字的效果，通过将文本分散到图层，创建文字分离效果，方便做跳动效果，如图5-52所示。

01 新建一个Flash文档，绘制背景，如图5-53所示。

02 在工具箱中选择文本工具，设置好文字属性，在舞台中输入"天天向上"文本，如图5-54所示。

图5-52　跳跃文字

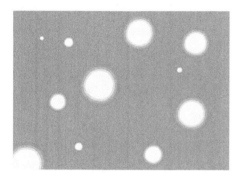

图5-53　绘制背景

图5-54　输入文本

03 将文本分离一次，然后执行"分散到图层"命令，将文本分散到图层，如图5-55所示，再将"图层1"移至最底层。

04 在第一个"天"字所在图层的第5帧和第9帧处单击鼠标右键，执行"插入关键帧"命令，插入关键帧，并在所有图层的第65帧处单击鼠标右键，执行"插入帧"命令，插入帧，如图5-56所示。

图5-55　将文本分散到图层

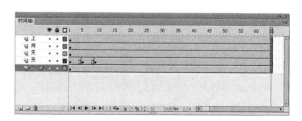

图5-56　为文本插入帧

05 将第一个"天"字所在图层的第1帧所对应的位置垂直向上移动一段距离，如图5-57所示；第5帧所对应的位置垂直向下移动一段距离，如图5-58所示。

图5-57　第一个"天"的第1帧

图5-58　第一个"天"的第5帧

06 选择第二个"天"字所在图层的第1帧并将其拖至第10帧，在第14帧和第18帧插入关键帧，如图5-59所示。

07 将第二个"天"字所在图层的第14帧所对应的位置垂直向上移动一段距离；第18帧所对应的位置垂直向下移动一段距离，如图5-60所示。

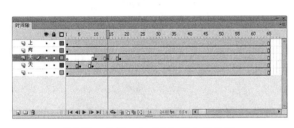

图5-59　为第二个"天"插入关键帧

图5-60　第二个"天"的第18帧

08 参照第二个"天"字所在图层中各个关键帧的创建方法，在"向"、"上"图层中创建相应的动画效果，如图5-61和图5-62所示。

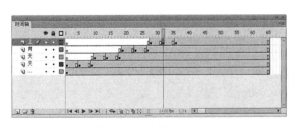

图5-61　为"上"插入关键帧

图5-62　"上"的第36帧

09 执行"文件"|"保存"命令，在弹出的"另存为"对话框中输入文件名"跳跃文字"，如图5-63所示，单击"保存"按钮，保存文档。最后按Ctrl+Enter组合键测试影片，最终效果如图5-64所示。

图5-63 保存文档

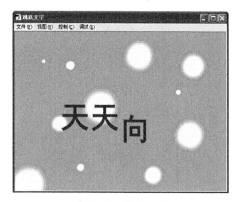

图5-64 最终效果

5.5 文本滤镜

Flash中绘制的图形均为矢量图形，如果想要为动画增加有趣的视觉效果，可以为图形添加各种滤镜，本节将绍关绍关于文本滤镜的知识。

▶ 5.5.1 添加滤镜

在文本工具"属性"面板中打开"滤镜"选项栏，如图5-65所示。面板最下方有6个按钮，当文本没有添加滤镜时，只有3个按钮是激活状态，分别是"添加滤镜"按钮、"预设"按钮以及"剪贴板"按钮；当为文本添加滤镜后，将激活另外的3个按钮，如图5-66所示，分别为"启用或禁用滤镜"按钮、"重置滤镜"按钮和"删除滤镜"按钮。

图5-65 "滤镜"选项栏

图5-66 滤镜选项按钮

选中文本，然后单击"属性"面板底部的"添加滤镜"按钮，在打开的下拉列表中可以选择为文本添加的滤镜效果，如图5-67所示。这里就以"投影"滤镜来做例子，介绍滤镜的使用方法。选择"投影"选项，即可为文本添加默认的投影效果，如图5-68所示。

添加"投影"滤镜后，还可以通过"投影"滤镜选项组中的参数来设置投影的效果，如图5-69所示。

图5-67 添加滤镜"投影"

图5-68 投影效果 　　　　　　　　　图5-69 "投影"滤镜选项组

下面介绍"投影"滤镜中各个选项的功能。

- 模糊：此选项用于调整投影的模糊度。将模糊X和模糊Y都设置为20，即可改变投影的模糊度，如图5-70所示。
- 强度：此选项用于调整投影的明暗度，数值越大，投影就越暗。将强度设置为200，即可使投影变暗，如图5-71所示。

图5-70 投影模糊 　　　　　　　　　图5-71 投影强度

- 品质：此选项用于调整投影的质量级别。
- 角度：此选项用于调整投影的角度。将角度设置为180，得到的投影如图5-72所示。
- 距离：此选项用于设置投影与文本对象之间的距离。将距离设置为15，得到的投影如图5-73所示。

图5-72 投影角度 　　　　　　　　　图5-73 投影距离

- 挖空：选中此复选框，可以从视觉上隐藏文本源对象，如图5-74所示。
- 内阴影：选中此复选框，可以在文本对象边界内应用投影，如图5-75所示。

图5-74 挖空 　　　　　　　　　　　图5-75 内阴影

- 隐藏对象：选中此复选框，可以隐藏文本对象并只显示其投影，如图5-76所示。
- 颜色：此选项用于设置投影的颜色。单击颜色后的色块 颜色 ■，即可打开色板，以设置投影的颜色。如选择紫色，即可得到紫色投影，如图5-77所示。

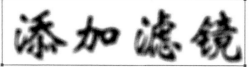

图5-76　隐藏对象

图5-77　修改投影颜色

▶ 5.5.2　隐藏滤镜

通过隐藏滤镜可以显示添加滤镜之前的效果。当添加滤镜效果后，要想显示添加之前的效果，就可以通过隐藏滤镜实现。隐藏滤镜的步骤如下。

01　使用选择工具选择文本对象，如图5-78所示。

02　在"属性"面板的"滤镜"选项栏中选中要隐藏的滤镜效果。

03　单击"属性"面板底部的"启用或禁用滤镜"按钮 👁 ，即可隐藏选中的滤镜效果，如图5-79所示。

图5-78　选择文本对象

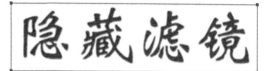

图5-79　隐藏选中的滤镜效果

> 🔍 **提示**
>
> 　若要隐藏某个文本对象的所有滤镜效果，单击"添加滤镜"按钮 ，选择"禁用全部"选项即可实现。

🔄 实例：制作模糊字

源 文 件：	源文件\第5章\模糊字.fla
视频文件：	视频\第5章\5-5模糊字.avi

本实例将制作的是模糊字的效果，通过使用"模糊"滤镜，调整相关参数，达到模糊字的效果，如图5-80所示。

01　新建一个Flash文档，绘制背景，如图5-81所示。

图5-80　模糊字

图5-81　绘制背景

02 选择工具箱中的文本工具，在"属性"面板中设置相应的属性，在舞台中输入文字，如图5-82所示。

03 使用选择工具选中文本，打开"属性"面板的"滤镜"选项栏，单击面板下方的"添加滤镜"按钮，选择"模糊"滤镜，如图5-83所示。

04 添加好"模糊"滤镜后，设置滤镜相关参数，将模糊X和模糊Y设置为10，如图5-84所示。

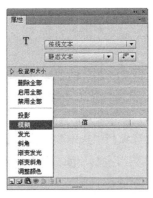

图5-82　输入文字　　　　图5-83　添加"模糊"滤镜　　　　图5-84　设置滤镜参数

05 执行"文件"|"保存"命令，在弹出的"另存为"对话框中输入文件名"模糊字"，如图5-85所示，单击"保存"按钮，保存文档。按Ctrl+Enter组合键测试影片，最终效果如图5-86所示。

图5-85　保存文档　　　　　　　　　图5-86　最终效果

实例：制作立体文字

源 文 件：	源文件\第5章\立体文字.fla
视频文件：	视频\第5章\5-5立体文字.avi

　　本实例将制作的是立体文字的效果，通过使用"斜角"滤镜和"投影"滤镜，并调整相关参数，达到立体文字的效果，如图5-87所示。

01 新建一个Flash文档，绘制背景，如图5-88所示。

02 选择工具箱中的文本工具，在"属性"面板中设置相应的属性，在舞台中输入文字，如图5-89所示。

03 使用选择工具选中文本，打开"属性"面板的"滤镜"选项栏，单击面板下方的"添加滤镜"按钮，选

图5-87　立体文字

择"斜角"滤镜，如图5-90所示。

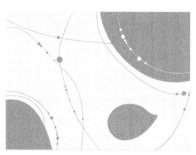

图5-88　绘制背景

图5-89　输入文本

图5-90　添加"斜角"滤镜

04 添加好"斜角"滤镜后，设置滤镜相关参数，如图5-91所示。

05 选择文本，为文本再添加一个"投影"滤镜，如图5-92所示。

06 添加好"投影"滤镜后，设置滤镜相关参数，如图5-93所示。

图5-91　设置"斜角"滤镜参数

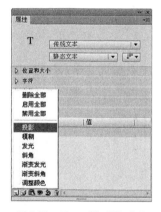

图5-92　添加"投影"滤镜

图5-93　设置"投影"滤镜参数

07 执行"文件"｜"保存"命令，在弹出的"另存为"对话框中输入文件名"立体文字"，如图5-94所示，单击"保存"按钮，保存文档。按Ctrl+Enter组合键测试影片，最终效果如图5-95所示。

图5-94　"另存为"对话框

图5-95　最终效果

5.6 拓展练习——制作打字效果

源 文 件：	源文件\第5章\打字效果.fla
视频文件：	视频\第5章\5-6打字效果.avi

本节将结合前面所学的内容，制作打字效果，如图5-96所示。

01 新建文档，导入一张背景图片，如图5-97所示。

图5-96 打字效果   图5-97 背景图片

02 新建图层2，在图层2上使用文本工具输入文字，如图5-98所示。

03 使用选择工具选择文本，执行"修改"|"分离"命令，将文本分离一次，如图5-99所示。

图5-98 输入文本   图5-99 分离文本

04 分别在图层1和图层2的第60帧处插入关键帧，如图5-100所示。

05 在图层2的第5帧处插入关键帧，并依次间隔5帧插入一个关键帧，直至第60帧为止，然后将第1帧的内容删除。时间轴显示如图5-101所示。

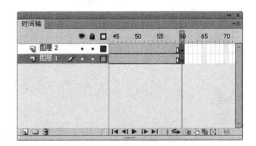

图5-100 插入关键帧

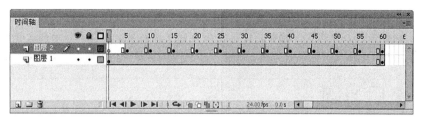

图5-101　时间轴

06 单击"图层2"上的第5帧，选择除"让"字外的所有文本并删除，如图5-102所示。

07 单击"图层2"上的第10帧，选择除"让"和"我"字外的所有文本并删除，如图5-103所示。

08 按照上面的方法，依次删除后面关键帧上的部分文字，直至第60帧为止。

09 执行"文件"|"保存"命令，将文档保存为"打字效果"。至此，打字效果制作完成，按下Ctrl+Enter组合键测试影片，最终效果如图5-104所示。

图5-102　第5帧

图5-103　第10帧

图5-104　最终效果

5.7 本章小结

通过本章的学习，可以掌握文本的一些常用处理方法和编辑技巧。不仅可以掌握设置文本类型、文本字体、大小、颜色等基本属性，以及文本的创建、嵌入等基本操作，还可以掌握文本的编辑、添加文本滤镜的方法。

- 在Flash中文本的创建方法很简单，只需要在工具箱中选择文本工具 T ，在舞台中创建文本框，然后在文本框内输入内容即可。创建文本后，可在"属性"面板中改变文本的字符、大小和文字的方向。

- 当创建文本完成后，还可对文本的进行编辑修改，以达到预期的效果，包括分离文本、为文本添加超级链接和将文本分散到图层。

- 为文本添加各种滤镜，可以增加有趣的视觉效果。在文本工具"属性"面板中打开"滤镜"选项栏，单击"添加滤镜"按钮，即可在弹出的下拉列表中选择要添加的滤镜；单击"删除滤镜"按钮可删除选择的滤镜效果；单击"启用或禁用滤镜"按钮可隐藏文本的滤镜效果。

5.8　课后习题

1. 填空题

（1）在文本工具"属性"面板中的"段落"选项栏下文本的对齐方式有_____、_____、_____和_____。

（2）如果输入的文本不是单个文字，要执行_____次"分离"命令才能将文本转换为图形。

2. 判断题

（1）在Flash CS6中文本可以分为静态文本、动态文本和输入文本3种类型。（　　　）

（2）按Ctrl+Shift+V组合键能将复制的文字粘贴到当前位置。（　　　）

（3）当文本没有添加滤镜时，所有的按钮都是激活状态。（　　　）

3. 上机操作题

在文档中输入"非常美丽的彩虹"7个字，然后将这7个字的字体颜色分别设置为红色、橙色、黄色、绿色、青色、蓝色和紫色，如图5-105所示。

图5-105　实例效果

第**6**章
"时间轴" 面板

　　掌握时间轴的操作方法是制作动画的基本要求，在以后绝大多数的动画制作中，时间轴的使用都是至关重要的。本章主要介绍Flash中的时间轴、帧和图层等动画基础知识。读者通过对这些知识的学习，可以掌握时间轴、帧及图层的编辑方法。

学习要点

- 图层的基本操作
- 编辑图层
- 组织图层
- 帧的基本操作
- 编辑帧
- 时间轴的基本操作

6.1 图层的基本操作

图层是透明的，通过图层的上下叠加方式形成图像。我们可以将其想象为一张张透明的纸，在一张纸上编辑的对象不会影响到其他纸中的内容，又可以透过上一层显示下一层的内容。

6.1.1 创建与删除图层

新建Flash文档后，默认一个名为"图层1"的图层存在。如果要新建一个图层，可以使用下列方法之一。

- 单击图层编辑区底部的"新建图层"按钮，即可在当前图层的上方新建一个空白图层，如图6-1所示。
- 在图层上单击鼠标右键，在弹出的快捷菜单中执行"插入图层"命令，如图6-2所示，即可创建新图层。
- 执行"插入"|"时间轴"|"图层"命令，如图6-3所示，也可新建图层。

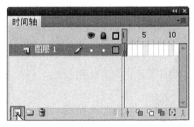　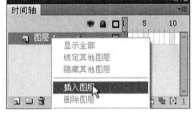　

图6-1　单击"新建图层"按钮　　图6-2　执行"插入图层"命令　　图6-3　执行"图层"命令

> 🔍 **提示**
>
> 新建的图层会自动按照"图层+数字"的方式命名。

图层的删除方法有如下三种。

- 选择要删除的图层，按住鼠标左键不放，将其拖动到"删除图层"按钮上即可。被删除图层的下一层将变为当前层。
- 选择要删除的图层，单击"删除图层"按钮，即可将选取的图层删除。
- 选择要删除的图层，单击鼠标右键，执行"删除图层"命令即可。

6.1.2 复制图层

复制图层会将该图层上的所有内容进行复制。选择要复制的图层，单击鼠标右键，执行"复制图层"命令，如图6-4所示。此时，时间轴中即添加了一个新的图层，如图6-5所示。执行"编辑"|"时间轴"|"复制图层"命令也可快速复制图层。

　　　　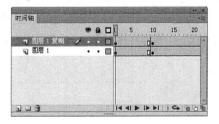

图6-4　执行"复制图层"命令　　　　　图6-5　复制的图层

提 示

当选中某个图层时，被选择的图层将被突出显示出来，并且在该图层的右边将出现一个小铅笔图标，表示该图层当前正被使用。

6.1.3 重命名图层

在Flash CS6中插入的所有图层都是系统默认的名称。当时间轴中的图层越来越多后，将图层重命名可以快速找到所需的图层。

选择需要重命名的图层，在图层名称上双击鼠标左键，图层名称进入编辑状态，在文本框中输入新名称即可，如图6-6所示。

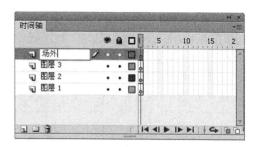

图6-6 重命名

提 示

当图层的名称过长而无法在时间轴中全部显示时，可单击并拖动时间轴中的左右区域分栏，如图6-7所示。

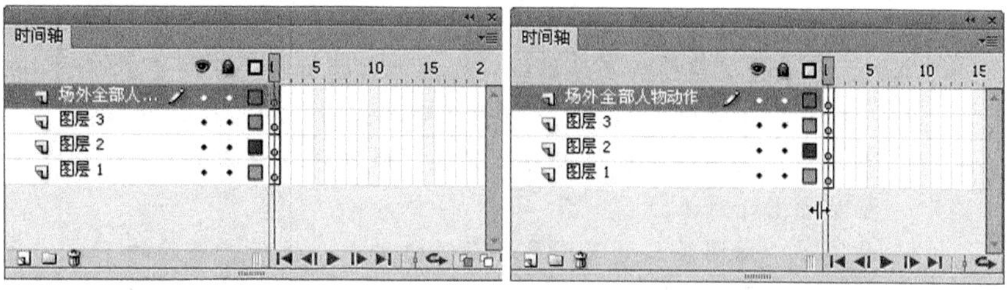

图6-7 拖动分栏

6.1.4 调整图层顺序

在编辑动画时常遇到所建立的图层顺序不能达到动画的预期效果，此时需要对图层顺序进行调整。选中需要移动的图层，按住鼠标左键不放，此时图层以一条横粗线表示，如图6-8所示。拖动图层到需要放置的位置释放鼠标左键即可，如图6-9所示。

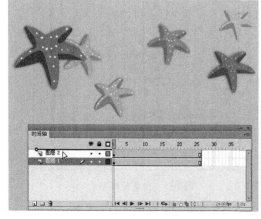

图6-8 调整图层顺序

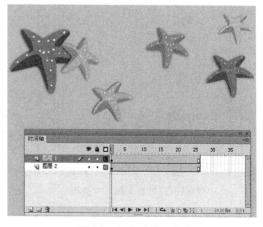

图6-9 调整图层顺序后

6.2 编辑图层

对图层的属性、状态等进行编辑可以更好地掌握图层的用法。

▶ 6.2.1 图层属性

在"图层属性"对话框中可以对图层的显示、锁定及线框模式颜色进行设置。选中图层，双击图层图标，打开"图层属性"对话框，如图6-10所示。

> 🔍 **提 示**
>
> 选中图层，单击鼠标右键，执行"属性"命令，也可打开"图层属性"对话框。

下面来一一介绍该对话框中的各项功能。

- **名称**：在文本框中输入名称，可为当前图层重新命名。
- **显示**：用于设置该图层内的内容是否在舞台中可见。
- **锁定**：用于设置图层的锁定与解锁。选中该复选框后，图层处于锁定状态，该图层中的内容不能在舞台中选定及编辑。
- **类型**：用于设置图层所属的类型。根据不同的用途，可以设置5种不同的类型。
  - **一般**：默认的图层类型，选择该项则指定当前图层为普通层。
  - **遮罩层**：将当前图层设置为遮罩层。用户可以将多个正常的图层链接到一个遮罩层上。遮罩层的图标为 ▨。
  - **被遮罩**：该图层与遮罩图层存在链接关系，位于遮罩层的下方。在被遮罩层中最终显示的内容由遮罩层中的对象决定。被遮罩层的图标为 ▨。
  - **文件夹**：将正常图层转换为图层文件夹，用于管理其下的图层。
  - **引导层**：将当前图层设置为辅助绘图用的引导层，引导层的图标为 ⌐。
- **轮廓颜色**：设置该图层对象的边框线颜色。在时间轴中每个图层的轮廓颜色都不相同，以便于区别不同的图层，如图6-11所示。

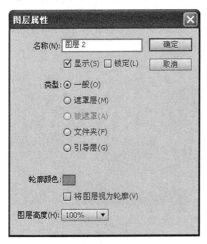

图6-10 "图层属性"对话框

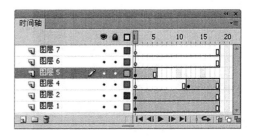

图6-11 图层轮廓颜色

- **将图层视为轮廓**：选中该复选框后，该图层中的内容将不再以实体显示，而是以透明轮廓的形式显示。

● 图层高度：在下拉列表中选择不同的值可以调整图层的高度。

6.2.2 图层状态

在时间轴中，图层编辑区的上方有一些小图标，如图6-12所示。每个图标均提供了各自的属性。

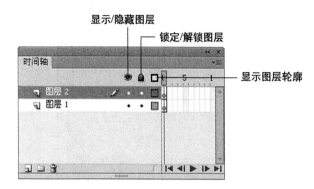

图6-12　图层状态

1. 显示和隐藏图层

在编辑对象时，为了方便查看、编辑各个图层中的内容，有时需将某些图层隐藏起来。处于隐藏状态的图层不能进行编辑。隐藏图层的方法有以下两种。

● 单击时间轴上方的"显示或隐藏所有图层"图标 ● ，可将所有图层隐藏，如图6-13所示。如果需要恢复显示所有图层，可再次单击 ● 图标。
● 单击时间轴"显示或隐藏所有图层"图标 ● 栏下的小黑点，该图层原来的小黑点位置将自动出现一个红色的 ✕ ，表示该图层处于隐藏状态，如图6-14所示。如果需要恢复显示图层，则再次单击 ✕ 图标即可。

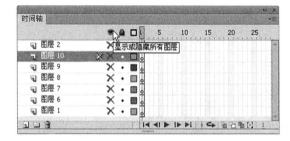

图6-13　隐藏所有图层

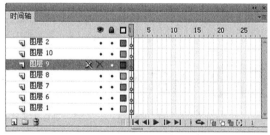

图6-14　隐藏单个图层

2. 锁定和解锁图层

在编辑对象时，要使其他图层中的对象正常显示在编辑区域中，又要防止影响其他图层，可将不需要编辑的图层进行锁定。若要编辑锁定的图层，将该图层解锁即可。

● 单击时间轴上方的"锁定或解除锁定所有图层"图标 ● ，即可将所有图层和图层文件夹锁定。再次单击该图标则可解除锁定。
● 单击时间轴"锁定或解除锁定所有图层"图标 ● 栏下的小黑点，该图层原来的小黑点位置将自动出现一个 ● 图标，表示该图层已被锁定。再次单击该图标则可解除锁定。

3. 显示图层轮廓

使用轮廓线显示舞台中的对象可以帮助用户更改图层中的所有对象，如图6-15所示为正常显示和以轮廓显示的舞台对象。

● 当需要所有图层都以轮廓显示时，单击时间轴上方的 □ 按钮即可，如图6-16所示。
● 如果只需对单个图层以轮廓显示，可单击相应图层后的色块，如图6-17所示。若需取消以轮廓显示，再次单击色块即可。

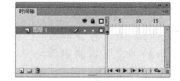

正常显示   轮廓显示

图6-15 舞台效果

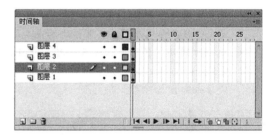

图6-16 显示所有图层轮廓   图6-17 显示单个图层轮廓

6.3 组织图层

在制作较为复杂的Flash动画时，时间轴中的图层也会越来越多。使用图层文件夹则可以组织这些图层，使图层更加有序，便于图层的查找和使用。

▶ 6.3.1 新建图层文件夹

图层文件夹可以将图层收拢在其中，便于管理。新建图层文件夹的方法有以下几种。

- 单击图层编辑区底部的"新建文件夹"按钮🗀，即可创建文件夹1，如图6-18所示。
- 在所选图层上单击鼠标右键，执行"插入文件夹"命令，也可插入图层文件夹。
- 执行"插入"|"时间轴"|"图层文件夹"命令，如图6-19所示。

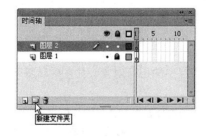

图6-18 新建图层文件夹   图6-19 执行"图层文件夹"命令

6.3.2　编辑图层文件夹

创建图层文件夹的目的就是为了存放图层。按住Shift键的同时，选择图层2和图层3，并将其拖入文件夹1中，如图6-20所示。使图层包含在文件夹1中，如图6-21所示。

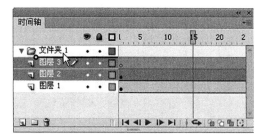

图6-20　拖动图层

图6-21　放置到文件夹内

图层文件夹可以建立多个层级，其层级没有限制，如图6-22所示。

图层文件夹可以通过展开与折叠的形式查看文件夹中所包含的内容。单击图层文件夹左侧的三角图标即可折叠或展开图层文件夹，如图6-23所示。

图6-22　多层级文件夹

图6-23　折叠图层文件夹

> **提　示**
>
> 图层文件夹创建后也可以删除。删除文件夹时，将同时删除文件夹中包含的所有图层及图层内容。若只需删除图层文件夹而不删除图层，将图层选中并拖出文件夹即可。

6.4　帧的基本操作

Flash中的动画都是通过对时间轴中的帧进行编辑而制作完成的。因此，帧的操作必须掌握。

6.4.1　帧的基本类型

不同的帧代表不同的动画，包含不同的对象。下面来介绍帧的类型及其所对应的图标和用法。

* 空白关键帧：在新建一个空白文档或图层时，图层的第1帧默认为空白关键帧，即一个黑色轮廓的圆圈，如图6-24所示。空白关键帧中不包含任何内容。
* 关键帧：在空白关键帧中绘制图形、插入对象等会将其转换为关键帧。关键帧中的内容是可编辑的，其表示为黑色实心点，如图6-25所示。
* 普通帧：普通帧一般是为了延长影片的播放时间而使用，在关键帧后出现的普通帧为灰色，如图6-26所示。在空白关键帧后出现的普通帧为白色。
* 空白帧：帧中不包含任何对象，相当于一张空白的影片，如图6-27所示。在空白帧中播放头

（即时间轴中红色的滑块）无法拖动。

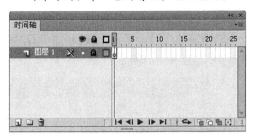

图6-24　空白关键帧

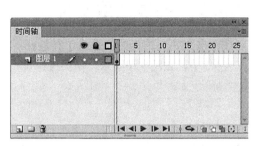

图6-25　关键帧

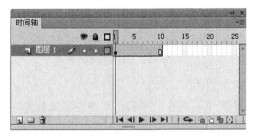

图6-26　普通帧

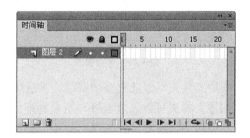

图6-27　空白帧

- 过渡帧：过渡帧实际上是两个关键帧之间的普通帧。过渡帧的舞台对象可以显示，却无法编辑。在关键帧之间创建不同的补间动画，其过渡帧的颜色也不同，如图6-28所示。

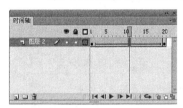

传统补间动画为淡紫色

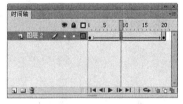

补间形状动画为淡绿色

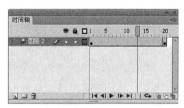

补间动画为淡蓝色

图6-28　过渡帧

- 动作帧：为关键帧或空白关键帧添加脚本后，帧上出现字母"a"，表示该帧为动作帧，如图6-29所示。

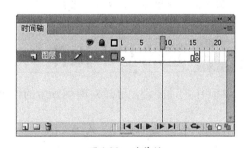

图6-29　动作帧

▶ 6.4.2　帧的模式

在时间轴的右上方，有一个▼按钮，如图6-30所示。单击此按钮，将弹出如图6-31所示的下拉菜单，通过此菜单可以设置时间轴中帧的显示状态。

下面分别介绍菜单中各选项的含义与用法。

- 很小：选择该项，可以最大程度缩短时间轴中帧的宽度，从而显示更多的帧，如图6-32所示。
- 小：缩短时间轴中帧的宽度，以较窄的方式显示，如图6-33所示。

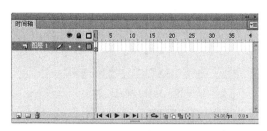

图6-30 帧模式按钮

图6-31 帧模式下拉菜单

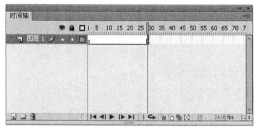

图6-32 "很小"模式

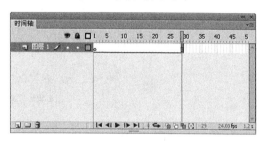

图6-33 "小"模式

- 标准：帧的默认模式，以默认的宽度显示，如图6-34所示。
- 中：选择该项，可以加宽时间轴中帧的宽度，如图6-35所示。

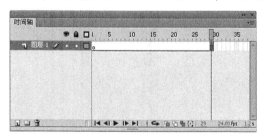

图6-34 "标准"模式

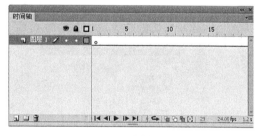

图6-35 "中"模式

- 大：使时间轴上的帧以最宽的方式显示，如图6-36所示。
- 预览：选择该项，将在每个关键帧中显示该帧内元素的缩略图，如图6-37所示。

图6-36 "大"模式

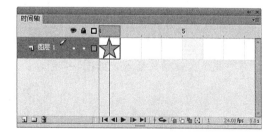

图6-37 "预览"模式

- 关联预览：选择该项，将在关键帧中显示该帧内元素状态及位置的缩略图，如图6-38所示。
- 较短：缩短时间轴中帧的高度，从而可以显示更多的图层，如图6-39所示。
- 彩色显示帧：系统默认选取状态。当取消选择后，时间轴上将统一变成白色背景色，不再通过不同背景颜色标记不同的帧，以及标记帧与帧之间的关系，如图6-40所示。

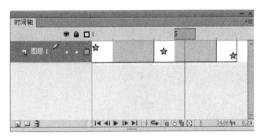

图6-38 "关联预览"模式

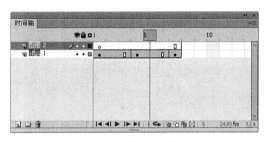

图6-39 "较短"模式

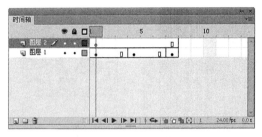

图6-40 "彩色显示帧"模式

▶ 6.4.3 插入帧

在时间轴中选择需要插入帧的位置，单击鼠标右键，执行"插入帧"命令，或者直接按下F5键，即可在指定位置插入帧，如图6-41所示。

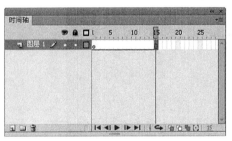

图6-41 插入帧

🔍 **提 示**

如果要选择某一范围内的连续帧，选择所需连续帧的第一帧，按下Shift键的同时，选择所需连续帧的最后一帧即可；如果想选择不连续的帧，在按住Ctrl键的同时，选择其他帧即可。

在时间轴上需要插入关键帧的位置单击鼠标右键，执行"插入关键帧"命令，或者按下F6键，即可完成关键帧的插入，如图6-42所示。

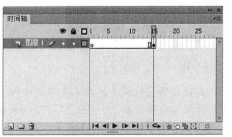

图6-42 插入关键帧

在时间轴上需要插入空白关键帧的位置单击鼠标右键，执行"插入空白关键帧"命令，或者按下F7键，即可在指定位置插入空白关键帧，如图6-43所示。

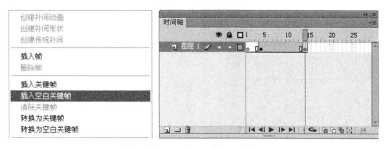

图6-43　插入空白关键帧

实例：制作足球运动

源 文 件：	源文件\第6章\足球运动.fla
视频文件：	视频\第6章\6-4制作足球运动.avi

本实例是利用帧的基本操作制作的足球运动效果，如图6-44所示。

图6-44　足球运动

01 使用绘图工具，在舞台中绘制足球，如图6-45所示。

02 在第70帧处按F5键插入普通帧，在第1帧与第70帧之间单击鼠标右键，执行"创建补间动画"命令，如图6-46所示。

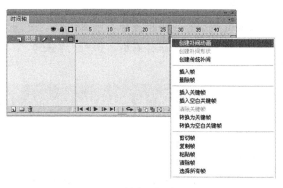

图6-45　绘制足球　　　　　　　　　　　图6-46　创建补间动画

03 将播放头拖动到第30帧的位置，将篮球拖动到合适的位置，如图6-47所示。

04 将播放头拖动到第50帧的位置，将篮球拖动到合适的位置，并调整运动弧线，如图6-48所示。

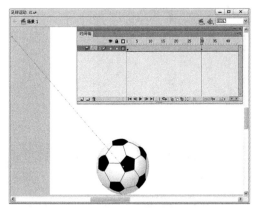

图6-47　调整位置

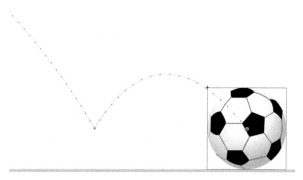

图6-48　调整位置

05 用同样的方法，拖动篮球的位置并调整运动弧线，如图6-49所示。

06 执行"文件"|"导入"|"导入到舞台"命令，将背景素材导入舞台中，如图6-50所示。

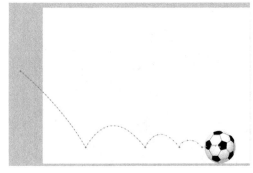

图6-49　调整位置

图6-50　导入背景

6.4.4　帧的复制与移动

1. 复制帧

选择需要复制的帧，单击鼠标右键，执行"复制帧"命令，如图6-51所示，在时间轴上选择需要粘贴帧的位置，单击鼠标右键，执行"粘贴帧"命令，如图6-52所示，即可复制并粘贴帧到其他位置。

> 🔍 提　示
>
> 按住Alt键，将要复制的关键帧拖动到指定的位置，然后释放鼠标即可快速复制并粘贴帧。

2. 移动帧

用户可以通过移动帧和帧序列来对时间轴上的帧进行调整。选择单个帧或多个帧，按住鼠标左键不放，将其拖动到时间轴中的任意位置，释放鼠标即可，如图6-53所示。

图6-51　复制帧

图6-52　粘贴帧

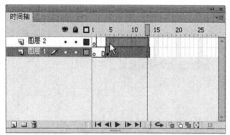

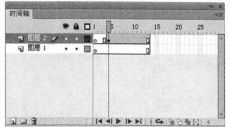

图6-53　移动帧

🔍 **提 示**

如果要选择时间轴上某个图层的所有帧，在所需图层上单击鼠标左键即可。

📖 实例：制作频闪动画

源 文 件：	源文件\第6章\频闪动画.fla
视频文件：	视频\第6章\6-4制作频闪动画.avi

本实例是根据帧的复制与移动制作的频闪动画，效果如图6-54所示。

图6-54　频闪动画

01 使用绘图工具在舞台中绘制图形，如图6-55所示。

02 在第3帧处按F6键插入关键帧，选择椭圆工具，在舞台中绘制图形，如图6-56所示。

图6-55　绘制图形　　　　　　　　　　　　　　　　图6-56　绘制图形

03 选择第1帧，单击鼠标右键，执行"复制帧"命令，如图6-57所示。

04 选择第5帧，单击鼠标右键，执行"粘贴帧"命令，如图6-58所示。

图6-57　复制帧　　　　　　　　　　　　　　　　图6-58　粘贴帧

05 至此，频闪动画制作完成，保存并测试影片。

▶ 6.4.5　帧的删除与清除

选择需要删除的帧、关键帧或序列，执行"编辑"|"时间轴"|"删除帧"命令，如图6-59所示；或者选择帧，单击鼠标右键，执行"删除帧"命令，如图6-60所示，即可删除不需要的帧。

图6-59　执行"删除帧"命令　　　　　　　　　　图6-60　执行"删除帧"命令

清除帧清除的是帧中的内容，即帧内部的所有对象。选择要清除的帧，单击鼠标右键，执行"清除帧"命令，如图6-61所示，即可清除该帧。

图6-61　执行"清除帧"命令

6.5　编辑帧

学习了帧的基本操作，本节将学习帧的编辑。

▶ 6.5.1　帧的转换

帧、关键帧、空白关键帧可以相互转换。在需要转换的普通帧上单击鼠标右键，在弹出的快捷菜单中执行"转换为关键帧"或者"转换为空白关键帧"命令即可，如图6-62所示。

在需要转换为普通帧的关键帧和空白关键帧上单击鼠标右键，执行"清除关键帧"命令，如图6-63所示，即可将其转换为普通帧。

若需要将关键帧转换为空白关键帧，只需将关键帧的内容删除即可；若需要将空白关键帧转换为关键帧，只需在舞台中添加对象即可。

图6-62　转换关键帧

图6-63　清除关键帧

▶ 6.5.2　翻转帧

翻转帧的功能可以使所选定的一组帧按照顺序翻转过来，使最后1帧变成第1帧，第1帧变成最后1帧，反向播放动画。其方法是在时间轴上选择一段需要翻转的帧，单击鼠标右键，执行"翻转帧"命令，即可完成操作，如图6-64所示。

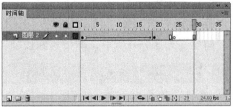

图6-64　翻转帧

实例：制作电脑打字

源 文 件：	源文件\第6章\电脑打字.fla
视频文件：	视频\第6章\6-5制作电脑打字.avi

　　本实例是利用"翻转帧"命令制作的电脑打字效果，如图6-65所示。

01 启动Flash CS6，新建一个空白文档。将素材图像导入至舞台，并调整到舞台大小，如图6-66所示。

02 单击"新建图层"按钮，新建"图层2"。选择文本工具，在舞台中单击鼠标，输入文本，如图6-67所示。

图6-65　电脑打字

图6-66　导入背景

图6-67　输入文本

03 按Ctrl+B组合键分离文本，如图6-68所示。

04 选择"图层2"的第1帧，单击并拖动鼠标，将其拖至第5帧处，如图6-69所示。

05 在"图层2"的第10帧处单击鼠标右键，执行"插入关键帧"命令，如图6-70所示。

06 将文本中最后一个字符"？"删除，如图6-71所示。

图6-68 分离文本

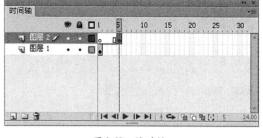

图6-69 拖动帧

图6-70 插入关键帧

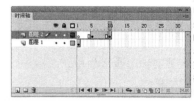

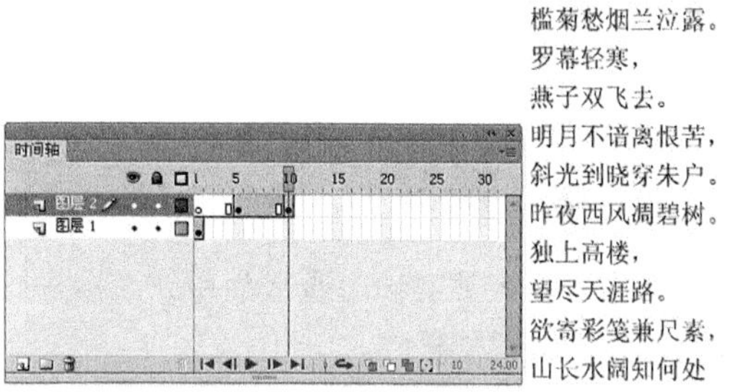

图6-71 删除字符

07 在第15帧处插入关键帧，将最后一个字符"处"删除，如图6-72所示。

08 在第20帧处插入关键帧，将最后一个字符"何"删除，如图6-73所示。

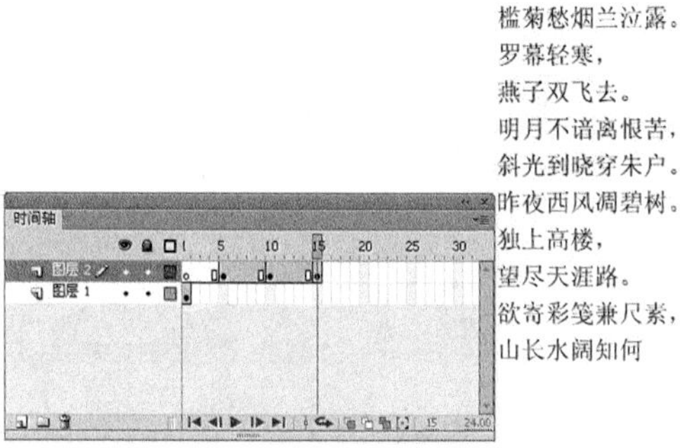

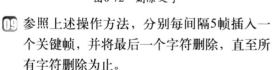

图6-72 删除文字

图6-73 删除文字

09 参照上述操作方法，分别每间隔5帧插入一个关键帧，并将最后一个字符删除，直至所有字符删除为止。

10 选择"图层2"的第5帧，按住Shift键选中后面所有帧，单击鼠标右键，执行"翻转帧"命令，如图6-74所示。

11 按住Ctrl键选择"图层1"和"图层2"的第360帧，按F5键插入帧，如图6-75所示。

12 至此，电脑打字制作完成，按Ctrl+Enter组

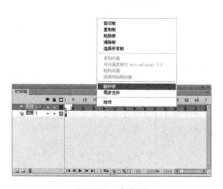

图6-74 翻转帧

合键测试影片，如图6-76所示。

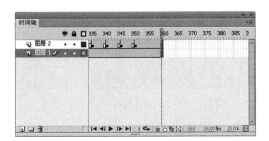

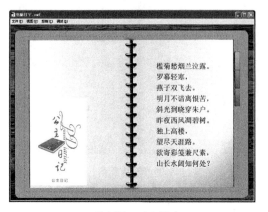

图6-75　插入帧　　　　　　　　　　　　　图6-76　测试影片

▶ 6.5.3　帧标签

在脚本中指定关键帧时通常会用到帧标签。标签是在指定关键帧上的标记，移动关键帧时标签会随指定的关键帧移动。

在时间轴中选中一个关键帧，在"属性"面板的"标签"选项栏中输入名称，即可创建一个帧标签，如图6-77所示。在"类型"下拉列表中可以选择帧标签的类型，如图6-78所示。

下面将分别介绍各类型的不同。

- 名称：标签的默认类型，即用于表示关键帧的名称，在动作脚本中定位帧时会使用帧的名称。在时间轴上显示为一面小红旗，如图6-79所示。

图6-77　"属性"面板　　　图6-78　标签类型　　　　图6-79　帧标签

- 注释：是指对关键帧加以注释说明，方便文件修改。在时间轴上显示为绿色的两斜杠，如图6-80所示。
- 锚记：是指动画记忆点，可以方便直接跳转到对应的片断播放，使Flash动画的导航变得简单。在时间轴上显示为一个黄色的锚，如图6-81所示。

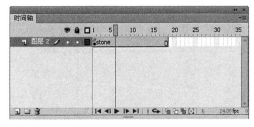

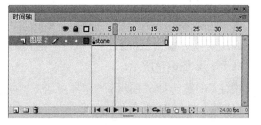

图6-80　注释　　　　　　　　　　　　　　图6-81　锚记

6.6 时间轴的基本操作

对图层、帧进行学习了解后，本节将学习对时间轴的操作。

6.6.1 了解"时间轴"面板

在"时间轴"面板中，除了要学习图层、帧等常见的操作外，还有时间轴下方的一个工具条也很重要，如图6-82所示。

下面对该工具条上的工具按钮进行一一介绍。

图6-82 "时间轴"面板

- 播放控制：在动画的制作过程中可以通过该组按钮进行动画预览，包括"转到第1帧"、"后退一帧"、"播放"、"前进一帧"和"转到最后一帧"5个按钮。
- 绘图纸外观：包括"绘图纸外观"、"绘图纸外观轮廓"、"编辑多个帧"和"修改标记"4个按钮。可以在舞台中显示多个帧中的内容和运动轨迹。
- 当前帧：当前播放头所在的帧即为当前帧。
- 帧速率：帧速率也就是帧频，用每秒帧数（fps）来度量，表示每秒播放的帧数，帧速率决定了动画的播放速度。
- 运行时间：显示播放头所处位置的播放时间。帧速率和帧的多少决定了动画的时间。

6.6.2 绘图纸外观

在通常情况下，Flash在舞台中一次显示动画的一个帧。为了帮助用户定位和编辑动画，可以利用绘图纸外观功能在舞台中一次显示多个帧。播放头所在的帧用全彩显示，其余的帧以较淡的颜色状态显示。

下面来认识一下绘图纸外观功能的各选项，如图6-83所示。

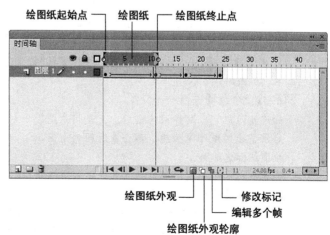

图6-83 绘图纸外观选项

- 绘图纸外观：单击该按钮，显示当前帧的前后几帧，绘图纸标记的内容由深入浅地显示出来，当前帧颜色最深，为正常显示，如图6-84所示。单击该按钮，可以调整当前帧的图像，而其他帧是不可修改的。要修过其他帧，需将其选中。
- 绘图纸外观轮廓：类似于绘图纸外观，单击该按钮，可以显示当前帧前后几帧的轮廓。

在图案较为复杂的时候，仅显示外轮廓线有助于正确地定位。每个图层的轮廓颜色决定了绘图纸外观轮廓的颜色，如图6-85所示。

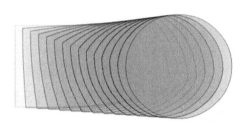
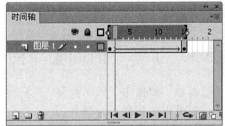

图6-84　绘图纸外观

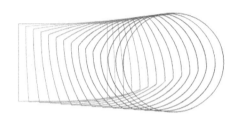
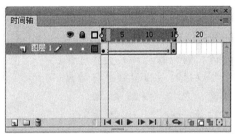

图6-85　绘图纸外观轮廓

- 编辑多个帧：对各帧的编辑对象都进行修改时需要用这个按钮。单击该按钮，可以对整个序列中的对象进行修改，如图6-86所示。

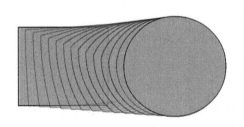
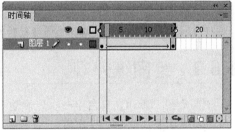

图6-86　编辑多个帧

- 修改标记：主要用于修改当前绘图纸的标记，通常情况下，移动播放头的位置，绘图纸的位置也会随之变化。单击该按钮，弹出下拉列表，如图6-87所示。

下面对这5个选项进行一一介绍。

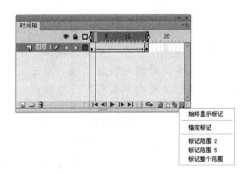

- 始终显示标记：选择该选项后，无论用户是否启用了绘图纸外观功能，都会在时间轴中显示绘图纸标记范围。
- 锚记标记：固定绘图纸标记，使其不再跟随播放头的移动而发生位置的改变。

图6-87　修改标记

- 标记范围2：以当前帧为中心的前后2帧范围内以绘图纸外观显示。
- 标记范围5：以当前帧为中心的前后5帧范围内以绘图纸外观显示。
- 标记整个范围：将所有的帧以绘图纸外观显示。

6.7 拓展练习——制作写字效果

源 文 件:	源文件\第6章\写字效果.fla
视频文件:	视频\第6章\6-7写字效果.avi

本节将结合前面所学内容，制作写字效
果，如图6-88所示。

01 启动Flash CS6，新建一个空白文档。将背
景素材导入到舞台中，如图6-89所示。

02 新建"图层2"，选择文本工具，在舞台中
双击鼠标输入文本，如图6-90所示。

03 选择文本，按两次Ctrl+B组合键分离文本，
如图6-91所示。

04 在第260帧和259帧处插入关键帧，选择橡
皮擦工具，在第259帧处擦除文字的收笔
处，如图6-92所示。

图6-88 写字效果

图6-89 导入背景

图6-90 输入文本

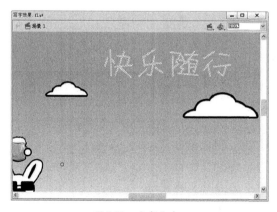

图6-91 分离文本

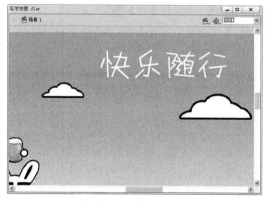

图6-92 擦除文字

05 选择第259帧，单击鼠标右键，执行"复制帧"命令，在第258帧处粘贴帧，擦除文字的最后
一笔，如图6-93所示。

06 依次擦除文字，直至第1帧处全部擦除为止，保存并测试影片，如图6-94所示。

图6-93　擦除文字

图6-94　测试影片

6.8 本章小结

本章讲述了时间轴、帧与图层的知识，在不同的图层上放置不同的动画元素将会制作出许多不同的动画效果。

- 在图层编辑区中可通过单击不同的按钮新建、删除图层。选择图层，单击鼠标右键，执行"复制图层"命令可复制图层；选择图层，在图层名称上双击鼠标左键，图层名称进入编辑状态，在文本框中输入新名称可重命名图层。
- 当所建立的图层顺序不能达到动画预期效果时，需要对图层的顺序进行调整，也就是在图层编辑区中拖动图层来改变图层的顺序。
- 单击时间轴上方的"显示或隐藏所有图层"图标👁，可将所有图层隐藏；单击时间轴上方的"锁定或解除锁定所有图层"图标🔒，可将所有图层和图层文件夹锁定；单击时间轴上方的▢按钮，可将所有图层都以轮廓显示。
- 在时间轴上需要插入关键帧的位置单击鼠标右键，执行"插入关键帧"命令，可插入关键帧。
- 绘图纸外观功能可以在舞台中一次显示多个帧，帮助定位和编辑动画。

6.9 课后习题

1. 选择题

（1）帧频用每秒帧数，也就是（　　）来度量，表示每秒播放的帧数，它是动画的播放速度。

    A. psf　　　　　　　　　　　　B. spf

    C. fps　　　　　　　　　　　　D. pfs

（2）当需要显示多个帧并对帧中的对象进行修改时，可以单击（　　）按钮。

    A. 绘图纸外观　　　　　　　　B. 编辑多个帧

    C. 修改标记　　　　　　　　　D. 绘图纸外观轮廓

（3）按下（　　）键可以快速在指定的位置插入空白关键帧。

    A. F6　　　　　　　　　　　　B. F5

    C. F4　　　　　　　　　　　　D. F7

（4）在Flash动画中通过（　　　）可以计算动画的时间。

    A．帧数   B．帧数和帧频

    C．帧频   D．帧速率

（5）选择帧的（　　　）模式，可以在关键帧中显示该帧内对象位置的缩略图。

    A．标准   B．预览

    C．关联预览   D．彩色显示帧

2. 填空题

（1）不包含任何对象，相当于一张空白的影片，表示什么内容都没有的帧是_____。

（2）调整图层时，选中图层，单击并拖动鼠标到合适的位置，此时图层以_____表示，释放鼠标即可调整图层。

3. 判断题

（1）选中需要删除的关键帧，执行"删除帧"或者"清除帧"命令都可以完成该操作。（　　　）

（2）没有任何内容的关键帧就是空白关键帧。（　　　）

（3）在图层编辑区中只能新建图层而不能新建文件夹。（　　　）

4. 上机操作题

（1）应用本章所讲述的图层知识，制作立体字效，如图6-95所示。

图6-95　立体字效

（2）应用本章所讲述的帧知识，制作篮球运动，如图6-96所示。

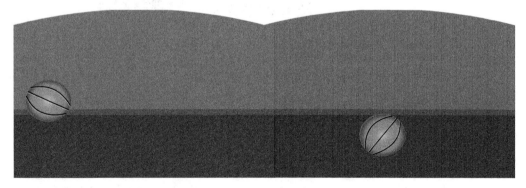

图6-96　篮球运动

第7章
应用元件和库

元件和库是构成动画的基本元素。对于需要重复使用的资源可以将其制作成元件，然后从"库"面板中拖入舞台使其成为实例。合理地利用元件和库，对提高影片制作效率有很大的帮助。本章将学习元件和库的应用。读者通过对本章内容的学习，可以掌握元件的创建、库的管理与使用等知识。

学习要点

- 元件的基本操作
- 元件实例
- 编辑元件

- 元件实例的滤镜与色彩效果
- "库"面板

7.1 元件的基本操作

本节将通过对元件的概念、类型及创建、转换为元件、元件类型的转换等知识的学习来掌握元件的基本操作。

7.1.1 元件的概念

元件是Flash中的一种特殊组件。在一个动画中，有时需要一些特定的动画元素多次出现。在这种情况下，就可以将这些特定的动画元素作为元件来制作。这样就可以在动画中多次引用，减少了重复绘制的麻烦。每个元件都有其独立的时间轴、图层和舞台。用户修改元件时，它的实例也会跟着变化，而不需要逐一对每个实例进行修改。

7.1.2 元件的类型及创建

元件包括图形元件、影片剪辑元件和按钮元件3种类型。下面对这些元件进行一一介绍。

1. 图形元件

图形元件是Flash动画中最基本的元件，主要用于建立和存储独立的图形内容，也可以用来制作动画。当把图形元件拖入舞台中或者其他元件中时，不能对其设置实例名称，也不能为其添加脚本。图形元件的图标为 。

创建图形元件的方法如下。

01 执行"插入"|"新建元件"命令，或按Ctrl+F8组合键，如图7-1所示。

02 在"创建新元件"对话框中输入元件名称，在"类型"下拉列表中选择"图形"选项，如图7-2所示。

图7-1 执行"新建元件"命令

图7-2 选择元件类型

03 单击"确定"按钮后，工作区将自动从场景转换到元件的编辑模式。在元件的编辑区中心有一个"+"光标，舞台上方的标题栏显示了元件的名称及类型，如图7-3所示。此时就可以在这个编辑区域内编辑图形元件了。

04 在元件编辑区中可以自行绘制图形或导入素材，如图7-4所示。

2. 影片剪辑元件

影片剪辑元件是Flash动画中常用的元件

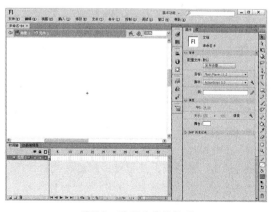

图7-3 图形元件编辑区

类型，主要用于创建独立的动画片段。影片剪辑元件的时间轴与场景中的时间轴是相互独立的。

将影片剪辑元件拖入舞台，当同一图层中的其他帧没有别的元件或空白关键帧时，影片剪辑元件实例可作循环播放，其不受场景中帧长度的限制。

执行"插入"|"新建元件"命令，打开"创建新元件"对话框。在"名称"文本框中输入名称，在"类型"下拉列表中选择"影片剪辑"选项，如图7-5所示。单击"确定"按钮即可完成影片剪辑元件的创建。

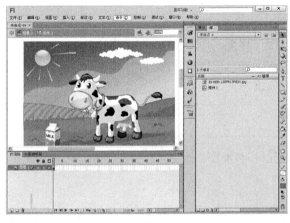

图7-4 导入素材　　　　　　　　　　　　图7-5 创建影片剪辑元件

3. 按钮元件

按钮元件可以创建用于响应鼠标单击、滑过或其他动作的交互式按钮。可以定义与各种按钮状态关联的图形，然后将动作指定给按钮实例。创建按钮元件的操作步骤如下。

01 执行"插入"|"新建元件"命令，打开"创建新元件"对话框。

02 在"名称"文本框中输入名称，在"类型"下拉列表中选择"按钮"选项，如图7-6所示。

03 单击"确定"按钮，进入按钮元件编辑区，此时时间轴也发生了变化，如图7-7所示。

图7-6 创建按钮元件　　　　　　　　　　图7-7 按钮元件的时间轴

在按钮元件中，时间轴不再是时间标尺的显示状态，它由弹起、指针经过、按下和点击4个空白帧代替。这4个空白帧代表着4个状态，含义如下。

- 弹起：按钮在通常情况下呈现的状态，即鼠标没有在此按钮上或者未单击此按钮时的状态。
- 指针经过：设置鼠标放置在按钮上但没有按下按钮时的状态。
- 按下：鼠标按下按钮时，按钮所处的状态。
- 点击：用于响应鼠标动作范围内的反应，只有鼠标指针放在反应区时，按钮才会响应鼠标的动作。另外，这一帧仅仅代表一个区域，不会在动画播放时显示出来。通常情况下，Flash会自动按照按钮的"弹起"和"指针经过"状态时的区域作为鼠标的反应范围。

➡️ 实例：制作变色按钮

源 文 件：	源文件\第7章\变色按钮.fla
视频文件：	视频\第7章\7-1制作变色按钮.avi

本实例制作的是一个按钮变换颜色的动画效果，当鼠标未经过按钮与鼠标经过按钮时，按钮分别呈现出不同的颜色与状态，实例效果如图7-8所示。

图7-8　变色按钮

01 启动Flash CS6，新建一个空白文档。在"属性"面板中设置文档尺寸为685像素×448像素，如图7-9所示。

02 执行"插入"|"新建元件"命令，打开"创建新元件"对话框，在"名称"文本框中输入名称，在"类型"下拉列表中选择"按钮"选项，如图7-10所示。

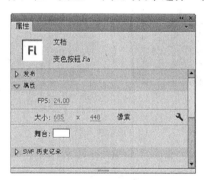

图7-9　设置文档尺寸

图7-10　新建按钮元件

03 单击"确定"按钮进入按钮元件的编辑区。选择基本矩形工具▣，在舞台中绘制一个笔触颜色和填充颜色均为黑色的矩形。在"属性"面板中设置矩形的边角半径为18，如图7-11所示。

04 选择矩形，设置笔触高度为5，按Ctrl+B组合键将其打散。打开"颜色"面板，设

图7-11　绘制圆角矩形

置笔触颜色为线性渐变，如图7-12所示。

05 使用渐变变形工具 调整渐变效果，如图7-13所示。

图7-12　设置笔触颜色　　　　　　　　　　　　图7-13　调整渐变效果

06 使用钢笔工具绘制弧线，将矩形分为两半，在"颜色"面板中调整上半部分的颜色，最后将弧线删除，如图7-14所示。

07 使用选择工具，选择矩形的下半部分，在"颜色"面板中调整颜色，使用渐变变形工具调整渐变效果，如图7-15所示。

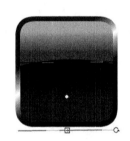

图7-14　调整填充颜色　　　　　　　　　　　　图7-15　调整填充颜色

08 选择矩形，按Ctrl+G组合键将其组合。使用绘图工具绘制三角形，如图7-16所示。

09 在"指针经过"处插入关键帧，在"颜色"面板中修改填充颜色和笔触颜色，如图7-17所示。

图7-16　绘制三角形　　　　　　　　　　　　图7-17　调整颜色

10 在"弹起"处单击鼠标右键，执行"复制帧"命令，在"指针经过"处单击鼠标右键，执行"粘贴帧"命令，如图7-18所示。

图7-18　复制粘贴帧

11 单击元件编辑区左上角的场景名称，即可返回场景编辑区。执行"文件"|"导入"|"导入到舞台"命令，如图7-19所示，将背景图像导入到舞台中。

12 在"库"面板中将"播放"按钮元件拖入舞台中，如图7-20所示。

 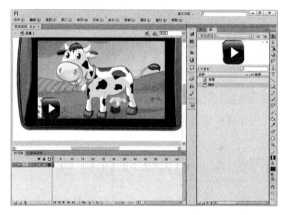

图7-19　执行"导入到舞台"命令　　　　图7-20　拖入按钮元件

13 保存文档，按Ctrl+Enter组合键，测试动画效果，如图7-21所示。

图7-21　动画效果

7.1.3　转换为元件

在场景中的图形或者位图，可以将其转换为元件。下面来学习如何转换为元件。

01 选择舞台中的图片，单击鼠标右键，执行"转换为元件"命令，如图7-22所示。

02 弹出"转换为元件"对话框，在该对话框中设置名称及类型，如图7-23所示。

03 单击"确定"按钮，Flash会在"库"面板中添加该元件，如图7-24所示。

图7-22 执行"转化为元件"命令

图7-23 设置名称及类型

图7-24 "库"面板

🔍 提 示

按住Shift键，可在舞台中选中多个对象并转换为元件。如果对象分布在不同的图层，执行此操作会导致对象向最高图层合并。

🔍 提 示

选择要转换为元件的对象，按F8键或者将其拖入"库"面板中即会弹出"转换为元件"对话框。

▶ 7.1.4 元件类型的转换

对于已经建立的元件，在"库"面板中还可以进行类型的转换。在"库"面板中选择需要转换类型的元件，单击鼠标右键，执行"属性"命令，如图7-25所示。在弹出的"元件属性"对话框中即可为元件选择新的类型，如图7-26所示。

图7-25 执行"属性"命令

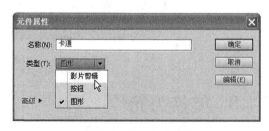

图7-26 转换元件类型

7.2 元件实例

创建元件后并不能直接应用到舞台中，需创建其实例对象。本节将学习元件实例的创建、复制、分离等操作。

7.2.1 创建实例

在"库"面板中选择要创建实例的元件，将其拖入舞台中，如图7-27所示，即可创建元件实例。

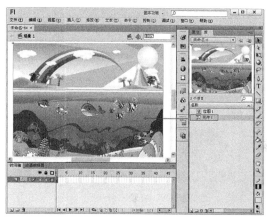

> **提 示**
>
> 通过一个元件可以创建多个实例。将元件修改后，所有应用该元件的实例也会得到相应修改。

图7-27 创建实例

7.2.2 复制实例

在舞台中选择要复制的实例，按住Alt或者Ctrl键的同时拖动实例到合适的位置，释放鼠标即可复制并粘贴元件实例，如图7-28所示。

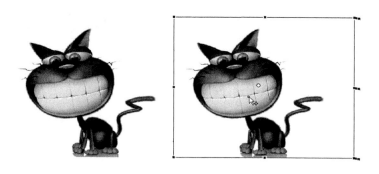

图7-28 复制实例

> **提 示**
>
> 按Ctrl+D组合键可快速复制一个元件实例。

7.2.3 分离实例

元件实例会随元件的改变而改变，分离实例后元件的改变将不再影响实例，但其动画效果、按钮实例等都会失去元件的特效。

选择要分离的实例，按Ctrl+B组合键即可将实例分离。

7.2.4 交换实例

使用交换实例能使舞台中的实例变成另一个实例，而且保持原实例属性。在"属性"面板中单击"交换"按钮，如图7-29所示。在弹出的对话框中选择要交换的元件，如图7-30所示，然后单击"确定"按钮，即可完成交换实例的操作。

图7-29 交换元件

图7-30 "交换元件"对话框

7.2.5 改变实例行为

不同类型元件的实例效果也不同，不过，可以通过改变实例行为来改变元件实例的效果。例如，图形元件实例不能应用滤镜，但通过将其实例行为改变为影片剪辑元件即可应用滤镜。

在舞台中选择图形元件实例，在"属性"面板的实例行为下拉列表中选择"影片剪辑"选项，如图7-31所示，即可完成实例行为的改变。

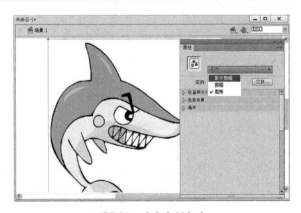

图7-31 改变实例行为

7.2.6 元件注册点与中心点

当用户创建一个元件实例时，实例的左上角有一个黑色十字，即元件的注册点，如图7-32所示。它是实例对象的参考点。在"属性"面板的"位置和大小"选项栏中设置X、Y的参数均为0，效果如图7-33所示。

双击元件，进入元件的编辑状态，在"属性"面板中修改X、Y的参数可修改元件的注册点。

在创建元件实例时，在舞台中有一个小圆点，即元件的中心点，如图7-34所示。元件在变形时是以中心点为中心进行变形的。使用渐变变形工具选择元件后，可对中心点进行调整，如图7-35所示。

图7-32　元件注册点

图7-33　舞台效果

图7-34　元件中心点

图7-35　调整中心点

7.3 编辑元件

　　创建好的元件或已经编辑好的元件，用户还可以对其进行编辑。若修改该元件，Flash中所有用到该元件的实例将更新。

　　本节将学习在当前窗口、新窗口和元件编辑模式下编辑元件的操作。

▶ 7.3.1 在当前窗口编辑

　　在舞台中选择一个元件的实例，双击鼠标左键，即可进入元件的编辑区，此时元件以外的其他对象以灰色状态显示，如图7-36所示。若要退出当前位置编辑状态，可双击除元件以外的其他区域。

> 🔍 提示
>
> 　　执行"编辑"|"在当前位置编辑"命令，也可进入当前窗口编辑状态。

图7-36　在当前窗口编辑

7.3.2　在新窗口中编辑

在舞台中选中要编辑的元件，单击鼠标右键，执行"在新窗口中编辑"命令，如图7-37所示。此时，Flash会为元件新建一个编辑窗口，如图7-38所示。

图7-37　执行"在新窗口中编辑"命令

图7-38　在新窗口中编辑元件

7.3.3　在元件的编辑模式下编辑

在"库"面板中双击要编辑的元件，即可让元件在其编辑模式下进行编辑。或者在舞台中选择要编辑的元件，执行"编辑"｜"编辑元件"命令，如图7-39所示，也可进入元件的编辑模式。

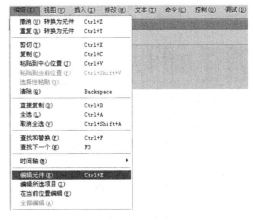

图7-39　执行"编辑元件"命令

7.4　元件实例的滤镜与色彩效果

本节将学习对元件实例进行滤镜及色彩效果的应用。

7.4.1　滤镜的使用

在Flash中，除图形元件实例不能添加滤镜外，按钮元件实例和影片剪辑元件实例均可应用滤镜。选择元件实例，在"属性"面板的"滤镜"卷展栏底部显示了一排按钮，如图7-40所示。下面分别介绍这些按钮的作用。

- 添加滤镜□：可以为元件实例添加滤镜效果。单击"添加滤镜"按钮，在弹出的下拉列表中即显示了所有滤镜选项，如图7-41所示。在滤镜选项中包括7种滤镜效果，每种滤镜效果各不相同。

图7-40 "滤镜"卷展栏

图7-41 滤镜选项

- 预设□：可将制作完成的滤镜保存为预设效果，便于适时调用。
- 剪贴板□：可将一个实例中的滤镜进行复制，然后粘贴到其他实例中。
- 启用或禁用全部□：可将实例的所有滤镜进行隐藏或者显示。
- 重置滤镜□：可将修改的滤镜参数重置到默认参数。
- 删除滤镜□：可将不需要的滤镜删除。

实例：制作春光明媚

源 文 件：	源文件\第7章\春光明媚.fla
视频文件：	视频\第7章\7-4制作春光明媚.avi

本实例应用元件实例的滤镜制作出春光明媚、阳光普照的效果，如图7-42所示。

01 执行"插入"|"新建元件"命令，如图7-43所示。

图7-42 春光明媚

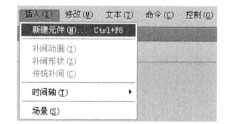

图7-43 执行"新建元件"命令

02 在弹出的对话框中输入名称，并设置类型为"影片剪辑"，如图7-44所示。

03 单击"确定"按钮，进入元件的编辑区域，在舞台中绘制太阳，如图7-45所示。

图7-44　"创建新元件"对话框　　　　　　　　图7-45　绘制太阳

04 返回场景1，将"太阳"影片剪辑元件拖入舞台中，在"属性"面板中添加"模糊"滤镜，如图7-46所示。

05 为元件实例添加"发光"滤镜，如图7-47所示。

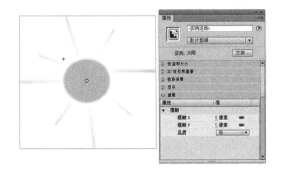

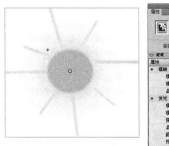

图7-46　添加"模糊"滤镜　　　　　　　　图7-47　添加"发光"滤镜

06 执行"文件"|"导入"|"导入到舞台"命令，如图7-48所示。

07 将背景素材导入到舞台中，并调整到合适的位置，最终效果如图7-49所示。

图7-48　执行"导入到舞台"命令　　　　　　　图7-49　最终效果

7.4.2　色彩效果的使用

在Flash中，可以为元件实例设置不同的色彩效果。选择实例，进入"属性"面板，在"色彩

效果"卷展栏中单击"样式"按钮，在弹出的下拉列表中共
有5个选项，如图7-50所示。

　　下面分别介绍这几个选项的功能和用法。

- 亮度：拖动滑块或者输入-100~100的值来调节图像的亮
  度。如图7-51所示为设置不同亮度值的效果。
- 色调：用相同色相调整元件的色彩。设置色调从透明
  （0%）到完全饱和（100%），可单击色调滑块并拖动
  到合适的位置，或者直接输入数值。拖动红、绿、蓝颜
  色滑块调整颜色，或者直接在颜色选择器中选取颜色即
  可，如图7-52所示。

图7-50　"样式"下拉列表

图7-51　设置不同亮度值的效果

图7-52　"色调"样式效果

- 高级：分别调节实例的红、绿、蓝色和透明度值。Alpha控件可以按指定的百分比降低颜色或
  透明度值。其他控件可以按常数降低或增大颜色或透明度值，如图7-53所示。

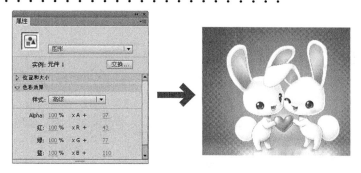

图7-53　"高级"样式效果

- Alpha：通过拖动滑块或者直接输入数值可以调节元件的透明度，100%为正常显示，0%为完全透明，如图7-54所示。

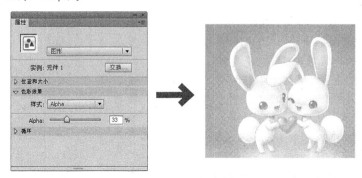

图7-54 "Alpha"样式效果

7.5 "库"面板

"库"面板中存放着动画元素，包括元件、位图、声音以及视频文件等。利用"库"面板可以方便地查看和组织这些内容。

7.5.1 认识"库"面板

"库"面板在默认工作区的右侧。若关闭了"库"面板，执行"窗口"|"库"命令或按下F11键，可打开"库"面板，如图7-55所示。

下面对"库"面板中各组成部分的功能进行介绍。

1. 标题栏

标题栏中显示当前Flash文档的名称。单击标题栏最右端的下拉菜单按钮，可以对"库"面板执行"新建文件夹"、"编辑"、"关闭"等命令，如图7-56所示。

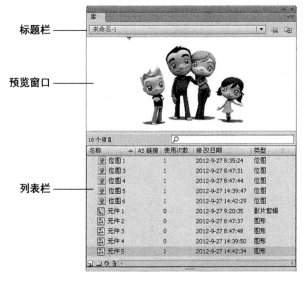

图7-55 "库"面板

图7-56 下拉菜单

2. 预览窗口

在"库"面板中选中的元件,在预览窗口中会显示出相应的图像效果。如果选中的元件是单帧,则在预览窗口中显示的是图像效果;如果选中的元件是按钮元件,将显示按钮的普通状态;如果选定的是多帧动画,预览窗口的右上角会出现"播放"按钮▶和"停止"按钮■,用来控制动画的播放与停止。

3. 列表栏

在列表栏中,列出文档的所有元素及它们的属性,其中包括名称、AS链接、使用次数、修改日期和类型等。

> **提示**
>
> 单击列表栏中的不同按钮,"库"面板中的文件会自动按照相应的顺序进行排列。

▶ 7.5.2 库的管理

"库"面板用来管理文档中的所有文件,在"库"面板中可以对文件进行查找、删除、重命名等操作。

1. 文件的查找

在较为复杂的Flash动画中,"库"面板中的元件、声音等素材会越来越多。对此,在"库"面板的元件搜索栏中输入项目关键字,可快速查找目标项目,如图7-57所示。

> **提示**
>
> 单击"关闭"按钮则可返回查看所有项目。

2. 文件的删除

选择多余的文件,单击鼠标右键,执行"删除"命令;或者直接单击"库"面板下方的"删除"按钮■,即可将其删除。

3. 文件的重命名

对"库"面板中的文件或文件夹重命名的方法有以下几种。

- 双击要重命名的文件的名称。
- 选择要重命名的文件,单击鼠标右键,执行"重命名"命令。
- 选择要重命名的文件,单击"库"面板标题栏右侧的下拉菜单按钮,执行"重命名"命令。

执行上述操作后,会看到该元件名称处的光标闪动,如图7-58所示,输入新名称即可。

图7-57 查找文件

图7-58 重命名文件

7.5.3 公用库

Flash中自带的范例库资源称为公用库，它是个很大的资源库，能够加快动画制作的速度。执行"窗口"|"公用库"命令，在弹出的子菜单中包含按钮、类和声音3个命令。执行不同的命令，会弹出一个相应的"外部库"面板，如图7-59所示。

图7-59 "外部库"面板

7.6 拓展练习——制作导航菜单

源 文 件：	源文件\第7章\导航菜单.fla
视频文件：	视频\第7章\7-6导航菜单.avi

本节将结合前面所学内容，制作导航菜单，效果如图7-60所示。

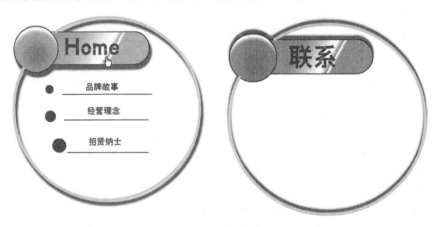

图7-60 导航菜单

01 启动Flash CS6，新建一个空白文档。执行"插入"|"新建元件"命令，如图7-61所示。

02 在弹出的对话框中输入元件名称，并选择元件类型为"按钮"，如图7-62所示。

图7-61 执行"新建元件"命令　　　　　图7-62 "创建新元件"对话框

03 单击"确定"按钮进入元件编辑区，在第1帧处绘制图形，如图7-63所示。

04 选择文本工具，在舞台中输入文本，如图7-64所示。

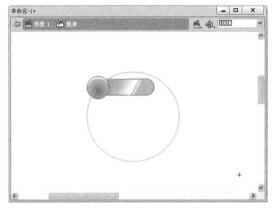

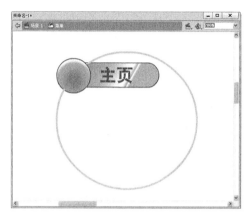

图7-63 绘制图形　　　　　　　　　　图7-64 输入文本

05 在第2帧处插入关键帧，在舞台中绘制图形，并修改文本内容，如图7-65所示。在第3帧处插入帧。

06 在"库"面板中单击鼠标右键，执行"直接复制"命令，如图7-66所示。

图7-65 绘制图形　　　　　　　　　　图7-66 执行"直接复制"命令

07 在弹出的对话框中设置名称，然后进入元件编辑区修改图形，如图7-67所示。

08 返回场景1，将两个按钮元件拖入舞台中，如图7-68所示。

09 按Ctrl+D组合键直接复制两个元件实例，选择其中一个元件，在"属性"面板中设置色彩效果，如图7-69所示。

🔟 在"属性"面板中为该实例添加"发光"滤镜，如图7-70所示。

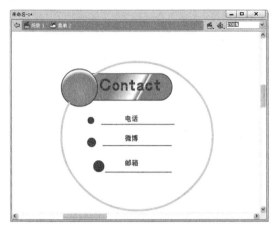

图7-67　修改图形

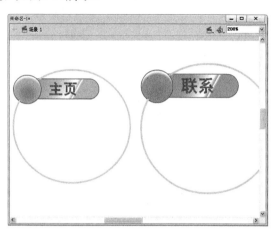

图7-68　场景舞台

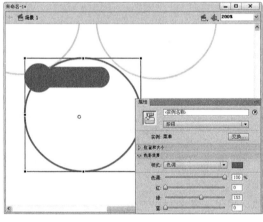

图7-69　设置色彩效果

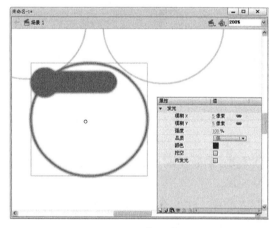

图7-70　添加"发光"滤镜

⓫ 用同样的方法，为另外一个实例添加色彩效果及滤镜效果，如图7-71所示。

⓬ 选择实例，单击鼠标右键，执行"排列"|"移至底层"命令，如图7-72所示。

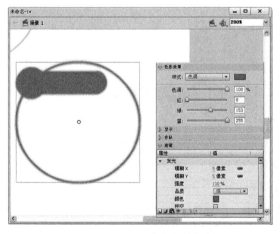

图7-71　添加色彩效果及滤镜效果

图7-72　执行"移至底层"命令

13 调整实例的位置，至此，导航菜单制作完成，保存并测试影片，如图7-73所示。

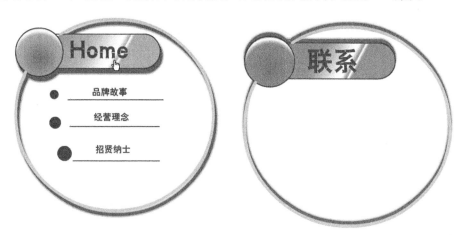

图7-73　测试影片

7.7　本章小结

　　Flash电影中的元件就像影视剧中的道具、演员，都是具有独立身份的元素。它们在影片中发挥着各自的作用，是Flash动画影片构成的主体。使用元件编辑动画不但更加方便，还可以大大减少Flash动画的尺寸。这也是进行复杂动画设计的重要技巧和手段，希望读者能好好掌握。

- 在Flash中，元件包括图形元件、影片剪辑元件和按钮元件3种类型。执行"插入"|"新建元件"命令，或按Ctrl+F8组合键，在弹出的"创建新元件"对话框中输入元件名称，在"类型"下拉列表中选择不同的选项，即可创建不同类型的元件。对于已经建立的元件，在"库"面板中还可以进行类型的转换。
- 元件实例会随元件的改变而改变，分离实例后元件的改变将不再影响实例，但其动画效果、按钮实例等都会失去元件的特效。
- 在Flash中可通过在当前窗口、新窗口和元件编辑模式下编辑元件。
- 在Flash中，除图形元件实例不能添加滤镜外，按钮元件实例和影片剪辑元件实例均可应用滤镜。
- "库"面板中存放着动画元素，包括元件、位图、声音以及视频文件等。利用"库"面板可以方便地查看和组织这些内容。

7.8　课后习题

1. 选择题

（1）在Flash的三大元件中，什么元件实例不能应用滤镜效果？（　　）

　　A. 图形　　　　　　　　　　　B. 影片剪辑

　　C. 按钮　　　　　　　　　　　D. 图形和按钮

（2）按键盘上的什么键可以复制并粘贴元件实例？（　　）

　　A. Shift　　　　　　　　　　　B. Ctrl

　　C. Alt　　　　　　　　　　　　D. Ctrl或Alt

（3）如何对"库"面板中的文件进行排序？（　　）

    A. 直接拖动文件　　　　　　　　　　　B. 不能排序

    C. 单击列表栏中的按钮　　　　　　　　D. A和C都对

（4）选择动画元素后，按下什么键可以将其转换为元件？（　　）

    A. F10　　　　　　　　　　　　　　　　B. F8

    C. F9　　　　　　　　　　　　　　　　D. F6

2. 填空题

（1）按钮元件的4个状态是_____、_____、_____、_____。

（2）元件实例的色彩效果包括_____、_____、_____、_____、
_____5项。

（3）用于响应鼠标动作范围内的反应的是按钮的_____状态。

3. 判断题

（1）元件实例的注册点与中心点是一个概念。（　　）

（2）影片剪辑元件不能设置实例名称，也不能为其添加脚本。（　　）

（3）Flash中的公用库分为按钮、类和声音三类。（　　）

（4）在为元件实例应用滤镜后可选择性地隐藏或显示某个滤镜。（　　）

4. 上机操作题

（1）应用本章所学知识，创建一个漂亮按钮元件，如图7-74所示。

（2）使用公用库中的元件，并为其添加其他效果，制作帽子按钮元件，如图7-75所示。

图7-74　漂亮按钮

图7-75　帽子按钮

第8章
制作简单的Flash动画

在一部完整的Flash动画中，往往会使用一种或几种动画类型。在Flash CS6中包含的动画类型有逐帧动画、传统补间动画、形状补间动画、遮罩层动画和引导层动画，本章将详细讲解这几种动画的创建方法。

学习要点

- 掌握逐帧动画的制作方法
- 掌握传统补间动画的制作方法
- 掌握形状补间动画的制作方法
- 掌握遮罩动画的制作方法
- 掌握引导动画的制作方法

8.1 逐帧动画

创建逐帧动画需要将每一帧都定义为关键帧，然后在每个帧上创建不同的图像。

▶ 8.1.1 了解逐帧动画

逐帧动画是最基本的动画形式，是传统动画制作中最常见的动画编辑方式。逐帧动画是在时间轴中逐个建立具有不同内容属性的关键帧，在这些关键帧中的图形将保持大小、形状、位置、色彩的连续变化，可以在播放过程中形成连续变化的动画效果。

逐帧动画在时间轴上表现为连续出现的关键帧，如图8-1所示。

逐帧动画的制作原理很简单，但是需要一帧一帧地绘制图形，并要注意每一帧间图形的变化，否则就不能达到自然、流畅的动画效果，如图8-2所示为小球弹跳的逐帧动画。

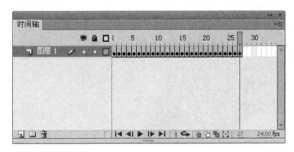

图8-1　逐帧动画

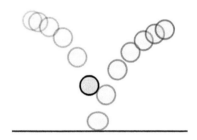

图8-2　小球弹跳

逐帧动画的灵活性很强，适合表现细腻的动画，以及画面变化较大的复杂动画。但是因为逐帧动画需要绘制每一帧的内容，因此用这种方法制作动画，工作量非常大。

▶ 8.1.2 导入逐帧动画

如果导入逐帧动画，只需选中导入的图像序列的开始帧，将图像序列导入到舞台，创建逐帧动画。下面讲解导入逐帧动画的步骤。

01 选择第1帧，如图8-3所示。

02 执行"文件"|"导入"|"导入到舞台"命令，如图8-4所示，弹出"导入"对话框，选择要导入的图像，如图8-5所示，然后单击"打开"按钮，弹出提示框，如图8-6所示，提示是否以图像序列导入图像。

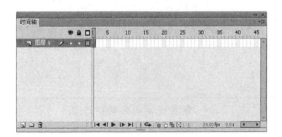

图8-3　选择第1帧

图8-4　执行"导入到舞台"命令

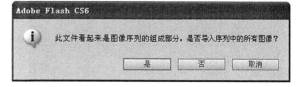

图8-5 选择要导入的图像   图8-6 提示框

03 单击"是"按钮，将图像序列导入，此时时间轴上将以连续关键帧显示，如图8-7所示。利用"绘图纸外观"功能可将多帧显示，效果如图8-8所示。

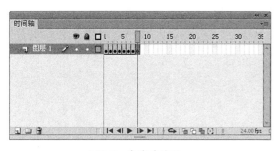

图8-7 连续关键帧   图8-8 逐帧动画

实例：制作人物奔跑

源　文　件：	源文件\第8章\人物奔跑.fla
视频文件：	视频\第8章\8-1人物奔跑.avi

本实例制作一个人物奔跑的动画，此动画为一个逐帧动画，在制作中主要控制逐帧动画的开始帧，然后导入相应的素材图像，调整多个帧的位置，完成动画制作，如图8-9所示。

图8-9 人物奔跑

01 新建一个空白文档，将图层1重命名为"背景"，绘制背景，如图8-10所示。
02 新建图层并命名为"人物"，放在图层"背景"上方。选中图层"人物"的第1帧，执行"文件"|"导入"|"导入到舞台"命令，如图8-11所示。

图8-10 绘制背景

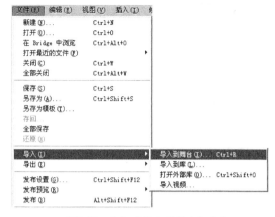

图8-11 执行"导入到舞台"命令

03 在弹出的"导入"对话框中，选择要导入的序列图像，如图8-12所示。

04 选择好图像之后单击"打开"按钮，弹出提示框，如图8-13所示，提示是否以图像序列导入图像。

图8-12 "导入"对话框

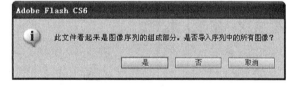

图8-13 提示框

05 单击"是"按钮，将图像序列导入，此时时间轴上将以连续关键帧显示。随后在图层"背景"的第10帧插入帧，如图8-14所示。

06 利用"绘图纸外观"功能可将多帧显示，对齐导入的图像，效果如图8-15所示。

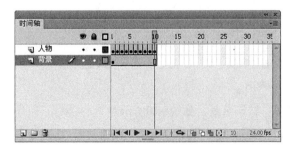

图8-14 时间轴

图8-15 逐帧动画

07 保存文档，按Ctrl+Enter组合键测试影
片，欣赏逐帧动画人物奔跑的最终效
果，如图8-16所示。

图 8-16　最终效果

实例：制作花开动画

源 文 件：	源文件\第8章\花开动画.fla
视频文件：	视频\第8章\8-1花开动画.avi

　　本实例将制作一个花开的动画，此动
画为一个逐帧动画，主要通过逐帧地绘制
来完成，如图8-17所示。

01 新建一个空白文档，执行"文
件"|"导入"|"导入到舞台"命令，
在弹出的"导入"对话框中选择一张
背景素材，如图8-18所示。

02 单击"打开"按钮，将图片导入到舞
台，设置图片大小与舞台大小相同，
如图8-19所示，然后将该图层命名为
"背景"。

图8-17　花开动画

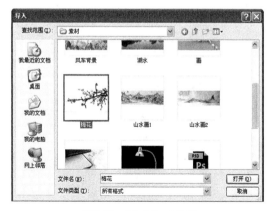

图8-18　"导入"对话框

图8-19　导入图片

03 执行"插入"|"新建元件"命令，在弹出的"创建新元件"对话框中将元件命名为"花骨
朵"，类型设置为"图形"，如图8-20所示。

04 单击"确定"按钮进入元件编辑窗口，绘制图形，如图8-21所示。

05 执行"插入"|"新建元件"命令，在弹出的"创建新元件"对话框中将元件命名为"花开"，类型设置为"影片剪辑"，如图8-22所示。

图8-20　"创建新元件"对话框　　　图8-21　绘制图形　　　图8-22　"创建新元件"对话框

06 单击"确定"按钮进入影片剪辑编辑窗口，从"库"面板中将元件"花骨朵"拖入编辑窗口中，如图8-23所示。

07 在图层1的第4帧处插入关键帧，选中图形元件，使用任意变形工具，将元件放大，如图8-24所示。

08 在图层1的第7帧处插入空白关键帧，打开"绘图纸外观"功能，然后在第7帧绘制图形，如图8-25所示。

图8-23　拖入元件"花骨朵"　　图8-24　调整元件"花骨朵"的大小　　图8-25　绘制图形

09 依次每隔两帧插入空白关键帧，并绘制鲜花开放的动画图形，如图8-26所示。

10 新建图层2，在第12帧处插入空白关键帧，绘制花蕊，依次每隔两帧插入空白关键帧，绘制花蕊动画图形，如图8-27所示。

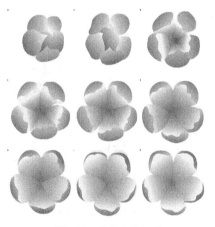
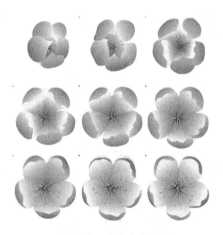

图8-26　花开动画图形　　　　　　　图8-27　花蕊动画图形

11 分别在图层1和图层2的第50帧插入帧。

12 返回舞台，新建图层2，将影片剪辑"花开"拖入舞台中，并调整大小，如图8-28所示。

13 执行"文件"|"保存"命令，保存文档。按Ctrl+Enter组合键测试影片，欣赏花开动画的最终效果，如图8-29所示。

图8-28　在舞台中拖入影片剪辑

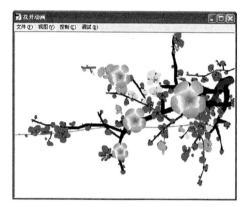

图8-29　最终效果

8.2　传统补间动画

从某种程度上说，传统补间动画的创建过程较为复杂，使用起来也不那么灵活。但是，传统补间所具有的某些类型的动画控制功能是其他补间动画所不具备的。

▶ 8.2.1　传统补间动画的特点

传统补间动画是利用动画对象的起始帧和结束帧建立补间，创建动画的过程是先定起始帧和结束帧的位置，然后创建动画。在这个过程中，Flash将自动完成起始帧与结束帧之间的过渡动画。起始帧与结束帧都是关键帧。

当确定好起始帧和结束帧后，在它们之间单击鼠标右键，在弹出的快捷菜单中执行"创建传统补间"命令，即可创建传统补间动画。如图8-30所示，图层1已创建传统补间动画。

创建传统补间动画后，选择传统补间动画上的任意一帧，在"属性"面板中可以对该帧的相关参数进行设置，如图8-31所示。

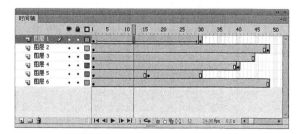

图8-30　传统补间

图8-31　帧"属性"面板

下面介绍其中几项参数的设置。

- 名称：用于标记此传统补间动画，在文本框中输入动画名称后，在时间轴中会显示该名称。
- 类型：在该下拉列表中包括3种标签类型，即名称、注释和锚记。名称，帧标签的名称，可以让AS来识别此帧；注释，一种解释，方便文件修改；锚记，动画记忆点，发布成HTML文件的时候，可以在IE的地址栏中输入锚点，这样可以直接跳转到对应的片段播放。
- 贴紧：当使用辅助线定位时，能够使对象紧贴辅助线，帮助用户精确绘制和安排对象。
- 缩放：选择此选项，制作缩放动画时，会随着帧的移动逐渐变大或变小；若取消选择，则只在结束帧直接显示缩放后的对象大小。

▶ 8.2.2　应用传统补间动画

传统补间动画支持设置图层中元件的各种属性，包括颜色、大小、位置和角度等，同样也可以为这些属性建立一个变化的关系。下面介绍如何将传统补间动画应用到Flash动画中。

01 新建一个空白文档，导入背景到舞台，如图8-32所示。

02 创建新的图层，将新创建的图层放在最上方，并在图层上绘制或导入元件，如图8-33所示。

图8-32　导入背景

图8-33　放置小船

03 在图层1的第50帧处插入帧，在图层2的第50帧处为传统补间动画设置结束帧，并调整结束帧上元件的形状大小，如图8-34所示。

04 选中图层2的第1帧到第50帧之间的任意一帧，单击鼠标右键，执行"创建传统补间"命令，如图8-35所示，即可为图层2的元件创建传统补间动画。利用"绘图纸外观"功能可将多帧显示，效果如图8-36所示。

图8-34　移动小船

🔍 提 示

选中补间帧，用户可以在"属性"面板中对传统补间动画进行设置，以达到所需要的效果。

图8-35 执行"创建传统补间"命令　　　　　　图8-36 传统补间动画

实例：制作旋转风车

源　文　件：	源文件\第8章\旋转风车.fla
视频文件：	视频\第8章\8-2旋转风车.avi

　　本实例通过创建传统补间动画来制作旋转风车，效果如图8-37所示。

01 新建一个空白Flash文档，执行"文件"|"导入"|"导入到舞台"命令，在弹出的"导入"对话框中选择要导入的素材，如图8-38所示。

02 单击"打开"按钮，将图片导入到舞台，并设置图片大小与舞台大小相同，如图8-39所示，然后将该图层命名为"背景"。

图8-37 旋转风车

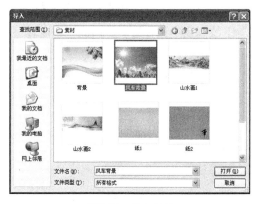

图8-38 导入素材

图8-39 设置图片大小

03 执行"插入"|"新建元件"命令，在弹出的"创建新元件"对话框的"类型"下拉列表中选择"图形"选项，如图8-40所示。

04 单击"确定"按钮，创建图形元件"风车"，进入元件编辑窗口，绘制风车，如图8-41所示。

05 执行"插入"|"新建元件"命令，在弹出的"创建新元件"对话框的"类型"下拉列表中选
择"影片剪辑"选项，如图8-42所示。单击"确定"按钮，创建影片剪辑"旋转风车"。

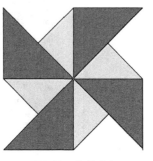

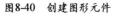

| 图8-40 创建图形元件 | 图8-41 绘制风车 | 图8-42 创建影片剪辑 |

06 进入元件编辑窗口，从"库"面板中将元件"风车"拖入元件编辑窗口中，如图8-43所示。

07 在图层1的第50帧处插入关键帧。选中第1帧至第50帧之间的任意一帧，单击鼠标右键，执行
"创建传统补间"命令，如图8-44所示，即可创建传统补间动画。

08 选中任意一帧补间帧，打开"属性"面板，在"补间"选项栏中的"缓动"文本框中输入
10，如图8-45所示，Flash将自动把缓动应用于元件"旋转风车"中。

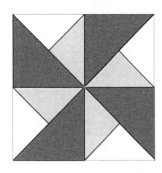

| 图8-43 拖入元件"风车" | 图8-44 执行"创建传统补间"命令 | 图8-45 设置缓动属性 |

09 设置好缓动之后，在"补间"选项栏中的"旋转"下拉列表中选择旋转方向为"逆时针"，
并设置旋转次数为1，如图8-46所示。

10 利用"绘图纸外观"功能可将多帧显示，查看创建的传统补间动画，如图8-47所示。

| 图8-46 设置旋转属性 | 图8-47 传统补间动画 |

11 返回舞台，新建图层并命名为"风车"，放在图层"背景"的上方。从"库"面板中将影片剪辑"旋转风车"拖入舞台，如图8-48所示。

12 保存文档，按Ctrl+Enter组合键测试影片，欣赏传统补间动画旋转风车的最终效果，如图8-49所示。

图8-48 放置元件"旋转风车"

图8-49 最终效果

实例：制作车轮滚动

源 文 件：	源文件\第8章\车轮滚动.fla
视频文件：	视频\第8章\8-2车轮滚动.avi

本实例通过创建传统补间动画实现车轮滚动的效果，如图8-50所示。

01 新建一个空白Flash文档，绘制背景，如图8-51所示，然后将该图层命名为"背景"。

图8-50 车轮滚动

图8-51 绘制背景

02 执行"插入"|"新建元件"命令，创建图形元件"车轮"，进入元件编辑窗口，绘制车轮，如图8-52所示。

03 执行"插入"|"新建元件"命令，创建影片剪辑"车轮旋转"，进入元件编辑窗口，从"库"面板中将元件"车轮"拖入编辑窗口中，如图8-53所示。

04 在图层1的第60帧处插入关键帧。选中第1帧至第60帧之间的任意一帧，单击鼠标右键，执行"创建传统补间"命令，如图8-54所示，即可创建传统补间动画。

图8-52　绘制车轮

图8-53　拖入元件"车轮"

图8-54　执行"创建传统补间"命令

05 选中任意一帧补间帧，打开"属性"面板，在"补间"选项栏中的"旋转"下拉列表中选择旋转方向为"顺时针"，并设置旋转次数为3，如图8-55所示。

06 利用"绘图纸外观"功能可将多帧显示，查看创建的传统补间动画，如图8-56所示。

07 返回舞台，新建图层并命名为"车轮滚动"，放在图层"背景"的上方。从"库"面板中将影片剪辑"车轮旋转"拖入舞台，如图8-57所示。

图8-55　设置旋转属性

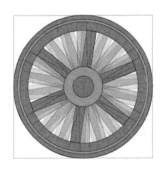

图8-56　传统补间动画

图8-57　放置元件"车轮旋转"

08 在图层"背景"的第60帧处插入帧。在图层"车轮滚动"的第60帧处插入关键帧，并将元件向舞台的右方移动，如图8-58所示。

09 选中图层"车轮滚动"第1帧至第60帧之间的任意一帧，单击鼠标右键，执行"创建传统补间"命令，如图8-59所示，即可创建传统补间动画。

图8-58　移动元件

图8-59　执行"创建传统补间"命令

10 利用"绘图纸外观"功能可将多帧显示，查看创建的传统补间动画，如图8-60所示。

⑪ 将文档命名为"车轮滚动"保存，然后按Ctrl+Enter组合键测试影片，欣赏传统补间动画车轮滚动的最终效果，如图8-61所示。

图8-60 传统补间动画　　　　　　　　　　　图8-61 最终效果

8.3 形状补间动画

形状补间动画适用于图形对象。传统补间动画主要针对同一图形在位置、大小、角度方面的变化效果；形状补间动画则是针对两个关键帧中的图形在形状、色彩等方面发生变化，让一种形状变化成另一种形状的动画效果。

▶ 8.3.1 制作形状补间动画

形状补间动画根据两个绘制不同形状图形的关键帧之间的帧的值或形状来创建动画。执行"插入"|"补间形状"命令，或者选中两个关键帧之间的任意一帧，单击鼠标右键，执行"创建补间形状"命令，即可创建形状补间动画。

下面介绍形状补间动画的制作方法。

① 新建一个空白文档，在舞台中间绘制好一件T恤，如图8-62所示。

② 在时间轴中为当前图层的第15帧插入一个空白关键帧，如图8-63所示，并在舞台中间绘制一个熊猫头像，如图8-64所示。

图8-62 绘制T恤

图8-63 插入空白关键帧

图8-64 熊猫头像

03 将鼠标指针放置在"图层1"的第1帧至第15帧之间的任意位置，单击鼠标右键，在弹出的快捷菜单中执行"创建补间形状"命令，如图8-65所示，即可创建形状补间动画，如图8-66所示。

图8-65 执行"创建补间形状"命令

图8-66 形状补间动画

04 保存文档，按Ctrl+Enter组合键测试影片，即可观看形状补间动画。

在使用形状补间动画制作变形动画的时候，如果动画比较复杂或特殊，一般系统自动生成的过渡动画不能令人满意。这时候，使用变形提示可以让变形动画按照自己设想的方式进行。

下面介绍如何制作加入变形提示的形状补间动画。

01 新建空白文档，选择文本工具，设置好文字的属性，然后在舞台中输入文字"A"，如图8-67所示。

02 使用选择工具选中文本，然后执行"修改"|"分离"命令，将文字分离转换为形状，如图8-68所示。

03 在时间轴中为当前图层的第25帧插入一个空白关键帧，如图8-69所示。

图8-67 输入文本　　　　图8-68 分离文本　　　　图8-69 插入空白关键帧

04 选择第25帧，使用文本工具在舞台中输入文字"B"，然后执行"修改"|"分离"命令，将文字分离转换为形状，如图8-70所示。

05 将鼠标指针放置在"图层1"的第1帧至第25帧之间的任意位置，单击鼠标右键，在弹出的快捷菜单中执行"创建补间形状"命令，即可创建形状补间动画。

06 在时间轴中选择第1帧，执行"修改"|"形状"|"添加形状提示"命令，如图8-71所示，为图形添加一个形状提示符，在场景中会出现一个"●"，如图8-72所示。

07 将"●"拖至"A"的顶端。用同样的方法再添加一个形状提示符"●"，并将其拖动到"A"的左下角，如图8-73所示。

08 在时间轴上选择第25帧，此时会发现舞台中多出了和在第1帧添加的一样的形状提示符，将"●"拖动至"B"的左下角，将"●"拖动至"B"的顶端。这时，第25帧的提示符将变为绿色，第1帧的提示符将变成黄色，如图8-74所示，这表示自定义的形状变形能够实现。

09 保存文档，按Ctrl+Enter组合键测试影片，即可观看形状补间动画，如图8-75所示。

图8-70　将文本转换为形状　　　　图8-71　执行"添加形状提示"命令　　　　图8-72　添加的形状提示符

图8-73　定位形状提示符　　　　图8-74　形状提示符　　　　图8-75　形状补间动画

8.3.2　应用形状补间动画

实例：应用形状补间动画

源 文 件：	源文件\第8章\应用形状补间动画.fla
视频文件：	视频\第8章\8-3应用形状补间动画.avi

本实例通过应用形状补间动画来创建形状变形为文字的动画，效果如图8-76所示。

01 新建一个文档，执行"文件"|"导入"|"导入到舞台"命令，导入图片到舞台，将图片大小调整为适合舞台大小，并对齐舞台，如图8-77所示。

02 单击时间轴左下角的"新建图层"按钮，新建图层2，在图层2的第1帧绘制图形，如图8-78所示。

03 选中绘制的图形，按住Alt键，复制并移动多个图形，如图8-79所示。

04 在图层1的第50帧处插入帧，在图层2的第50帧处插入空白关键帧，如图8-80所示。

图8-76　形状补间动画

图8-77　调整背景图像大小

图8-78　绘制图形

图8-79　复制图形

图8-80　插入帧

05 选择工具箱中的文本工具，在图层2的第50帧处输入文字，如图8-81所示。

06 使用选择工具，选中文字，将文本分离转换成图形，并调整文字的位置，如图8-82所示。

图8-81　输入文本

图8-82　分离文本

07 选中图层2的第1帧至第50帧之间的任意一帧，单击鼠标右键，在弹出的快捷菜单中执行"创建补间形状"命令，如图8-83所示。

08 执行"文件"|"保存"命令，保存文档。按Ctrl+Enter组合键测试影片，即可观看形状补间动画，如图8-84所示。

图8-83 执行"创建补间形状"命令

图8-84 形状补间动画

8.4 遮罩动画

遮罩动画是Flash中常用的一种技巧。

在Flash动画制作中,有些效果用通常的方法很难实现,例如一些文字效果以及百叶窗、放大镜等。这时就要用到遮罩动画了。

8.4.1 遮罩动画的认识

遮罩动画需要两个图层,一个遮罩层,一个被遮罩层。在遮罩层中可以放置字体、形状、图形实例和影片剪辑等对象。

创建遮罩层后,在遮罩层中绘制遮罩项目时,和填充或笔触不同,这些遮罩项目具有透明效果,像是个窗口,透过它可以看到位于它下面的被遮罩图层区域。被遮罩层除了透过遮罩项目显示的内容之外,其余的所有内容都被隐藏起来。一个遮罩层只能包含一个遮罩项目。按钮内部不能有遮罩层。一个遮罩动画只能有一个遮罩层,被遮罩层可以有很多个。

可以让遮罩层动起来,这样可以创建各种各样的动态效果。对于用作遮罩的填充形状,可以使用补间形状;对于文字对象、图形实例或影片剪辑,可以使用补间动画。

8.4.2 创建遮罩动画

要创建遮罩动画,就要创建遮罩层。创建遮罩层的方法如下。

选择要创建遮罩层的图层,执行"修改"|"时间轴"|"图层属性"命令,如图8-85所示,将弹出一个"图层属性"对话框,如图8-86所示,在"类型"选项组中选择"遮罩层"选项,单击"确定"按钮,即可创建遮罩层。

另外,还可以通过选择图层,单击鼠标右键,在弹出的快捷菜单中执行"遮罩层"命令,如图8-87所示,创建遮罩层。

图8-85 执行"图层属性"命令

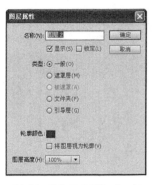

图8-86 "图层属性"对话框

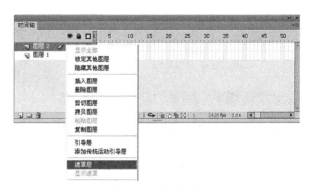

图8-87 执行"遮罩层"命令

下面通过制作百叶窗来介绍遮罩动画的创建方法。

01 新建一个空白文档，执行"文件"|"导入"|"导入到舞台"命令，导入一张图片到舞台中，并调整图像大小和舞台相吻合，如图8-88所示。

02 单击时间轴中的"新建图层"按钮 ，新建图层2。在图层2中导入另一张图，并调整图像大小和舞台相吻合，如图8-89所示。

图8-88 导入图片1

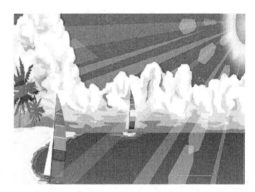

图8-89 导入图片2

03 执行"插入"|"新建元件"命令，在弹出的"创建新元件"对话框的"类型"下拉列表中选择"影片剪辑"选项，如图8-90所示，单击"确定"按钮，创建影片剪辑"元件1"，进入元件编辑窗口。

04 选择工具箱中的矩形工具 ，在舞台中绘制矩形，再将矩形的轮廓删除，然后在"属性"面板中设置矩形的宽和高分别为50、400，如图8-91所示。

图8-90 "创建新元件"对话框

图8-91 绘制矩形

05 在图层1的第30帧插入关键帧，在"属性"面板中将宽设置为1，如图8-92所示。

06 将鼠标指针放置在第1帧至第30帧之间的任意位置，单击鼠标右键，执行"创建补间形状"命令，创建形状补间动画，如图8-93所示。

图8-92　调整矩形

图8-93　创建形状补间动画

07 执行"插入"|"新建元件"命令，新建影片剪辑"元件2"，进入元件编辑模式。在"库"面板中拖动11个元件1到舞台中排列好，如图8-94所示。

08 执行"编辑"|"编辑文档"命令，返回场景。单击时间轴中的"新建图层"按钮，新建图层3。

09 在"库"面板中将元件2拖动到舞台中，并调整元件2的位置使其覆盖舞台，如图8-95所示。

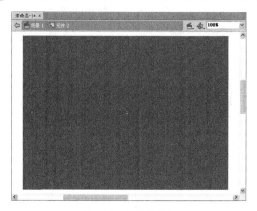

图8-94　创建元件2

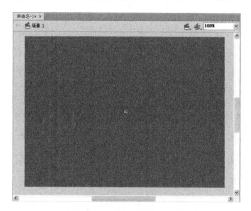

图8-95　将元件2拖入到舞台

10 选择图层3，单击鼠标右键，在弹出的快捷菜单中执行"遮罩层"命令。

11 保存文档，按Ctrl+Enter组合键测试影片，效果如图8-96所示。

图8-96　百叶窗

Flash CS6标准教材

实例：制作湖水荡漾

源 文 件：	源文件\第8章\湖水荡漾.fla
视频文件：	视频\第8章\8-4湖水荡漾.avi

本实例通过创建遮罩动画来制作湖水荡漾，效果如图8-97所示。

01 新建文档，执行"文件"|"导入"|"导入到舞台"命令，将图片导入到舞台，并调整图片适合舞台大小，如图8-98所示。

图8-97 湖水荡漾

图8-98 导入图片

02 执行"插入"|"新建元件"命令，在弹出的"创建新元件"对话框中输入元件名称"水波纹"，设置"类型"为"影片剪辑"，如图8-99所示，然后单击"确定"按钮创建影片剪辑。

03 进入影片剪辑编辑窗口，使用椭圆工具，在"属性"面板中将笔触设置为2.5，然后在编辑窗口中绘制一个椭圆轮廓，如图8-100所示。

04 在图层1的第40帧插入关键帧，使用任意变形工具将椭圆放大，如图8-101所示。

图8-99 "创建新元件"对话框

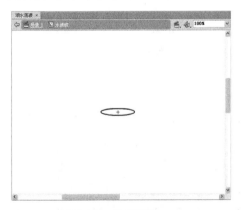

图8-100 绘制椭圆

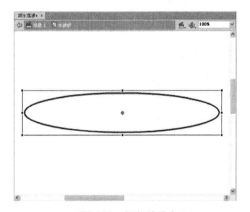

图8-101 调整椭圆大小

05 在第1帧至第40帧之间选择任意一帧，单击鼠标右键，执行"创建补间形状"命令，如图8-102所示，创建形状补间动画。

06 新建图层2，在图层2的第5帧插入空白关键帧。复制图层1的所有帧，并粘贴到图层2的第5帧。再新建图层3，粘贴到图层3的第10帧。使用相同的方法新建10个图层，在新图层上每隔5帧粘贴一次。完成此操作之后时间轴显示如图8-103所示，影片剪辑窗口显示如图8-104所示。

07 返回到舞台，新建图层2，复制图层1的第1帧，粘贴到图层2上。

08 将图层1隐藏，选择图层2上的图片，执行"修改"|"分离"命令，如图8-105所示，将位图分离。

图8-102　执行"创建补间形状"命令

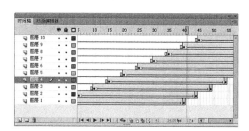

图8-103　时间轴

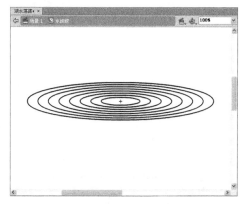

图8-104　"水波纹"影片剪辑

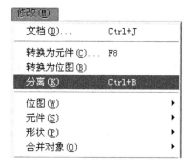

图8-105　执行"分离"命令

09 使用选择工具，选择图像的上半部分，将其删除，然后选择任意变形工具，将图像未删除部分放大并向上移动几个像素，如图8-106所示。

10 新建图层"遮罩"，选中该图层的第1帧，然后从"库"面板中将影片剪辑"水波纹"拖入到舞台中，如图8-107所示。

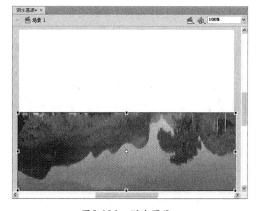

图8-106　删除图像

图8-107　将影片剪辑"水波纹"拖入舞台

⓫ 选择图层"遮罩",单击鼠标右键,执行"遮罩层"命令,如图8-108所示,将其转换为遮罩层。

⓬ 将文档命名为"湖水荡漾"保存,然后按Ctrl+Enter组合键测试影片,欣赏湖水荡漾的最终效果,如图8-109所示。

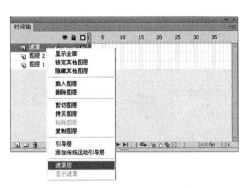

图8-108 执行"遮罩层"命令

图8-109 最终效果

实例:制作卷轴动画

源 文 件:	源文件\第8章\卷轴动画.fla
视频文件:	视频\第8章\8-4卷轴动画.avi

本实例通过使用遮罩层来制作卷轴动画,效果如图8-110所示。

① 新建一个空白文档,执行"文件"|"导入"|"导入到舞台"命令,将图片导入到舞台,并设置图片大小与舞台大小相同,如图8-111所示,然后将该图层命名为"背景"。

② 新建图层命名为"书画"并放在图层"背景"的上方,在舞台中绘制一个黑色矩形,然后将书画素材导入到舞台并调整图像位置和大小,如图8-112所示。

图8-110 卷轴动画

图8-111 添加背景

图8-112 添加书画素材

03 执行"插入"|"新建元件"命令，新建图形元件"轴"，进入元件编辑窗口，绘制图形，如图8-113所示。

04 返回场景1，新建图层命名为"轴1"并放在图层"书画"的上方，然后将元件"轴"拖入舞台，并放置在图形书画的顶部，如图8-114所示。

图8-113　绘制图形　　　　　　　　　　　　　　　　图8-114　添加元件"轴"

05 新建图层"轴2"并放在图层"轴1"的上方，将元件"轴"拖入舞台，与图层"轴1"的图形对齐，如图8-115所示。

06 在图层"轴2"的第90帧插入关键帧，在其余图层的第90帧处插入帧，将图层"轴2"中的图形元件平行右移至书画的右侧，如图8-116所示。

图8-115　添加元件"轴"　　　　　　　　　　　　　　图8-116　调整元件

07 在时间轴上选择图层"轴2"的第1帧至第90帧之间的任意一帧，单击鼠标右键，执行"创建传统补间"命令，如图8-117所示，为图层"轴2"创建传统补间动画。

08 新建图层命名为"遮罩"并放在图层"轴1"的下方、图层"书画"的上方，如图8-118所示。

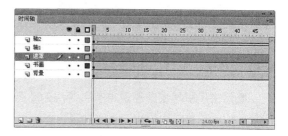

图8-117　执行"创建传统补间"命令　　　　　　　　　图8-118　新建图层"遮罩"

09 选中图层"遮罩",单击鼠标右键,执行"遮罩层"命令,如图8-119所示,将其转换为遮罩层。

10 选择矩形工具,在遮罩层的第1帧绘制图形,如图8-120所示。

图8-119 执行"遮罩层"命令   图8-120 绘制图形

11 在遮罩层的第90帧处插入关键帧,并调整矩形的大小,如图8-121所示,然后在遮罩层创建形状补间动画。

12 将文档命名为"卷轴动画"保存,然后按Ctrl+Enter组合键测试影片,欣赏卷轴动画的最终效果,如图8-122所示。

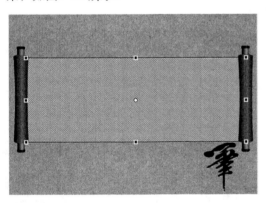

图8-121 调整图形   图8-122 最终效果

8.5 引导层动画

引导层动画简单来说就是带有引导层的动画。

引导层动画是由引导层控制动画元素的运动而形成的动画。引导层在Flash动画设计中的应用十分广泛。在引导层的引导下,可以实现对象沿着特定的路径运动。

▶ 8.5.1 引导层动画的认识

既然讲了引导层动画是带有引导层的动画,那么创建引导层动画,需要两个图层:一个是引导层,用于放置做引导用的运动路径;另一个则是被引导层,用于放置被引导对象。

在创建引导层动画时,一条引导路径可以同时作用于多个对象,一个影片可以创建多个引导图层。引导层是一种特殊的图层，引导图层中的内容在最后输出的影片中是不可见的。Flash会自动把引导层隐藏。

8.5.2 创建引导层动画

在Flash CS6中，引导层分为普通引导层 和运动引导层 。

1. 普通引导层

普通引导层起辅助静态定位的作用。创建普通引导层的方法如下。

选择要创建引导层的图层，执行"修改"|"时间轴"|"图层属性"命令，如图8-123所示，将弹出一个"图层属性"对话框，在"类型"选项组中选择"引导层"选项，单击"确定"按钮，如图8-124所示，即可创建普通引导层。

另外，还可以通过选择图层，单击鼠标右键，在弹出的快捷菜单中执行"引导层"命令，如图8-125所示，创建普通引导层。

图8-123 执行"图层属性"命令

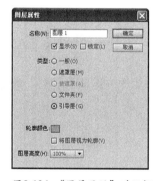

图8-124 "图层属性"对话框

图8-125 执行"引导层"命令

2. 运动引导层

在制作动画时，运动引导层用来控制运动补间动画中对象的移动情况，这样能够做出沿着曲线移动的动画。

选择要添加运动引导层的图层，单击鼠标右键，在弹出的快捷菜单中执行"添加传统运动引导层"命令，如图8-126所示，即可在图层上方新建一个引导层，如图8-127所示。

图8-126 执行"添加传统运动引导层"命令

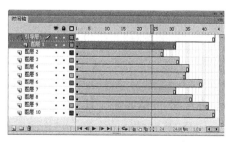

图8-127 引导图层

实例：引导动画

源 文 件：	源文件\第8章\引导动画.fla
视频文件：	视频\第8章\8-5引导动画.avi

引导动画运用的就是运动引导层。下面介绍创建引导动画的操作步骤。

01 新建一个空白文档，绘制背景，如图8-128所示。

02 执行"插入"|"新建元件"命令，新建图形元件"元件1"，进入元件编辑窗口，绘制音符，如图8-129所示。

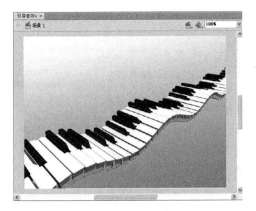

图8-128　绘制背景

图8-129　绘制音符

03 返回舞台，新建图层2，并将图层2移动到图层1的上方，然后从"库"面板中选择元件1，将其拖入到舞台中，如图8-130所示。

04 选中图层2，单击鼠标右键，在弹出的快捷菜单中执行"添加传统运动引导层"命令，如图8-131所示，即可添加运动引导层。

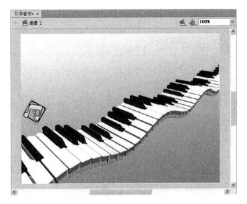

图8-130　将元件1拖入舞台

图8-131　执行"添加传统运动引导层"命令

05 选中引导层的第1帧，使用铅笔工具绘制一条曲线，如图8-132所示。这条曲线就是音符运动的路径。

06 将曲线的起始端对准音符的中心点，如图8-133所示，然后在引导层和图层1的第50帧处插入帧，在图层2的第50帧处插入关键帧。

07 选中图层2第50帧处的音符，将其拖到曲线的尾端处，并且中心点要与曲线的尾端对准，如图8-134所示。

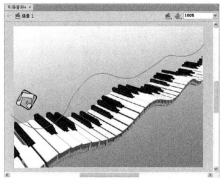

图8-132 绘制曲线

图8-133 对准中心点

图8-134 拖动音符

08 选择图层2的第1帧至第50帧之间的任意一帧，单击鼠标右键，执行"创建传统补间"命令，如图8-135所示，即可为音符创建传统补间动画。

09 保存文档，并按Ctrl+Enter组合键测试影片，欣赏引导动画的最终效果，如图8-136所示。此时可以看到，导出动画后，舞台中的引导线并没有显示出来，只是在动画制作时期起一个引导辅助作用。

图8-135 执行"创建传统补间"命令

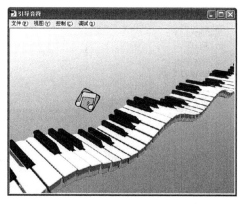

图8-136 最终效果

实例：制作海底世界

源 文 件：	源文件\第8章\海底世界.fla
视频文件：	视频\第8章\8-5海底世界.avi

本实例通过创建引导层来制作海底世界，效果如图8-137所示。

01 新建一个空白文档，绘制背景海底世界，如图8-138所示。

02 新建图层2，执行"文件"|"导入"|"导入到舞台"命令，将一幅小鱼的图像导入到舞台中，如图8-139所示。

图8-137 海底世界

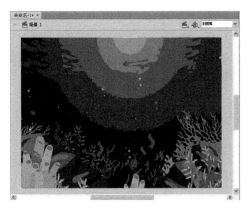

图8-138　绘制背景

图8-139　导入小鱼图像1

03 选择小鱼图像，执行"修改"|"位图"|"转换位图为矢量图"命令，如图8-140所示，将图像转换为矢量图形，再将图形白色区域删除，如图8-141所示。

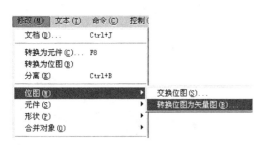

图8-140　执行"转换位图为矢量图"命令

图8-141　修改后的小鱼图像1

04 选中小鱼，执行"修改"|"转换为元件"命令，在弹出的"转换为元件"对话框的"类型"下拉列表中选择"图形"选项，如图8-142所示，单击"确定"按钮，创建元件1。

05 返回舞台，新建图层3，仿照创建元件1的方法创建元件2，如图8-143所示。

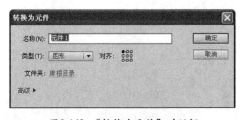

图8-142　"转换为元件"对话框

图8-143　创建元件2

06 返回舞台，新建图层4，仿照创建元件2的方法创建元件3，如图8-144所示。

07 分别调整3条小鱼的大小和位置，如图8-145所示。

图8-144 创建元件3

图8-145 调整小鱼位置

08 选中图层4，单击鼠标右键，在弹出的快捷菜单中执行"添加传统运动引导层"命令，如图8-146所示，即可为图层4添加运动引导层。

09 选中图层3和图层2，按住鼠标左键将它们拖动到引导层的下面，设置为被引导层，如图8-147所示。

图8-146 执行"添加传统运动引导层"命令

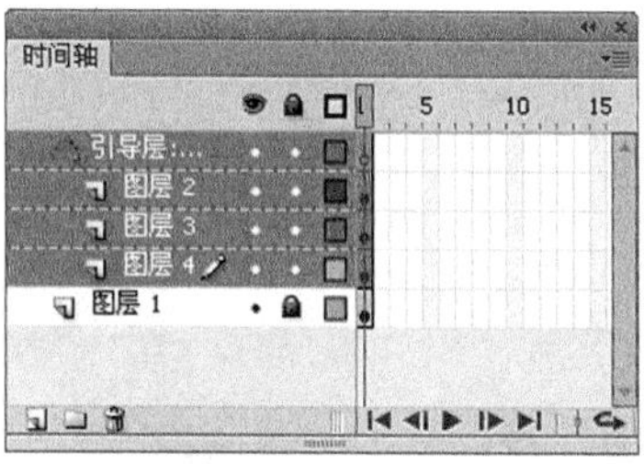

图8-147 设置被引导层

10 选中引导层的第1帧，使用铅笔工具绘制3条曲线，如图8-148所示。这3条曲线就是3条小鱼运动的路径。

11 分别将3条小鱼的中心点对准3条曲线的起始端，如图8-149所示，然后在引导层和图层1的第100帧处插入帧，在图层2、图层3和图层4的第80帧处插入关键帧。

图8-148 绘制曲线

图8-149 对准中心点

12 分别选中图层2、图层3和图层4第80帧处的小鱼，将它们分别拖到曲线的尾端处，并且中心点要与曲线的尾端对准，如图8-150所示。

13 将图层3的第1帧拖动到第10帧，第80帧拖到第90帧；将图层2的第1帧拖动到第20帧，第80帧拖到第100帧，然后分别为图层2、图层3和图层4创建传统补间动画，如图8-151所示。

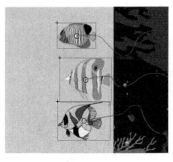

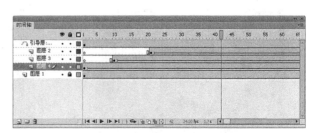

图8-150 拖动小鱼　　　　　　　　图8-151 创建传统补间动画

⑭ 将文档命名为"海底世界"并保存，然后
按Ctrl+Enter组合键测试影片，欣赏海底世
界动画的最终效果，如图8-152所示。

图8-152 最终效果

实例：盘山行驶的车辆

源　文　件：	源文件\第8章\盘山行驶的车辆.fla
视频文件：	视频\第8章\8-5盘山行驶的车辆.avi

本实例主要通过创建引导层动画来制作盘山行驶的车辆，最终效果如图8-153所示。

⓵ 新建一个空白文档，绘制背景盘山山路，如图8-154所示。

图8-153 盘山行驶的车辆　　　　　　图8-154 绘制背景

⓶ 执行"插入"|"新建元件"命令，新建图形元件"车辆"，进入元件编辑窗口，绘制车辆，
如图8-155所示。

⓷ 返回舞台，新建图层2，并将图层2移动到图层1的上方，然后从"库"面板中选择元件"车
辆"，将其拖入到舞台中，如图8-156所示。

图8-155　绘制车辆

图8-156　将元件"车辆"拖入舞台

04　选中图层2，单击鼠标右键，在弹出的**快捷菜单**中执行"添加传统运动引导层"命令，即可添加运动引导层。

05　选中引导层的第1帧，使用铅笔工具在公路中间绘制一条曲线，如图8-157所示。这条曲线就是车辆行驶的路径。

06　将曲线的起始端对准车辆的中心点，如图8-158所示，然后在引导层和图层1的第90帧处插入帧，在图层2的第90帧处插入关键帧。

图8-157　绘制曲线

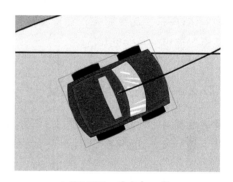

图8-158　对准中心点

07　选中图层2第90帧处的车辆，将其拖到曲线的尾端处，并且中心点要与曲线的尾端对准，如图8-159所示。

08　选择图层2的第1帧至第90帧之间的任意一帧，单击鼠标右键，执行"创建传统补间"命令，即可为车辆创建传统补间动画。

09　将文档命名为"盘山行驶的车辆"并保存，然后按Ctrl+Enter组合键测试影片，欣赏引导动画盘山行驶的车辆最终效果，如图8-160所示。

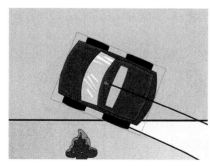

图8-159　拖动车辆

图8-160　最终效果

8.6 使用动画预设

动画预设是预配置的补间动画，可以将它们应用于舞台上的对象。只需选中对象并单击"动画预设"面板中的"应用"按钮即可。使用动画预设就是学习在Flash中添加动画的快捷方法。一旦了解预设的工作方式后，自己制作动画就非常容易了。

▶ 8.6.1 预览动画预设

Flash的每个动画预设都包括预览，可在"动画预设"面板中查看其预览。通过预览，可以了解在将动画应用于FLA文件中的对象时所获得的结果。对于创建或导入的自定义预设，可以添加自己的预览。

执行"窗口"|"动画预设"命令，打开"动画预设"面板，在"默认预设"文件夹中选择一个默认的预设，即可预览默认动画预设，如图8-161所示。如果要停止预览播放，在"动画预设"面板外单击即可。

图8-161 "动画预设"面板

▶ 8.6.2 应用动画预设

在舞台上选中元件对象，如图8-162所示。在"动画预设"面板中单击"默认预设"文件夹，打开下拉列表，如图8-163所示。

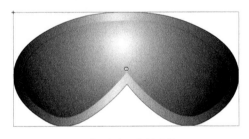

图8-162 选择元件

图8-163 默认预设

在列表中选择一个预设，单击"应用"按钮即可应用动画预设。这里选择"2D放大"动画预设，如图8-164所示为应用"2D放大"动画预设后的效果。

图8-164 "2D放大"效果

每个对象只能应用一个预设。如果将两个预设应用于相同的对象，会弹出提示框，提示是否

替换当前动画预设，如图8-165所示。单击"是"按钮，则第二个预设将替换第一个预设。

包含3D动画的动画预设只能应用于影片剪辑实例。已补间的3D属性不适用于图形或按钮元件，也不适用于文本字段。可以将2D或3D动画预设应用于任何2D或3D影片剪辑。

图8-165　提示框

如果动画预设对3D影片剪辑的z轴位置进行了动画处理，则该影片剪辑在显示时，也会改变其x轴和y轴的位置。这是因为z轴上的移动是沿着3D消失点（在3D元件实例属性检查器中设置）辐射到舞台边缘的不可见透视线执行的。

8.7　拓展练习——制作蝴蝶飞舞动画

源　文　件：	源文件\第8章\蝴蝶飞舞.fla
视频文件：	视频\第8章\8-7蝴蝶飞舞.avi

下面将使用本章所学的内容来制作蝴蝶飞舞的动画，效果如图8-166所示。

01 新建一个空白文档，绘制背景，如图8-167所示。

图8-166　蝴蝶飞舞

图8-167　绘制背景

02 执行"插入"|"新建元件"命令，新建图形元件"翅膀"，进入元件编辑窗口，绘制蝴蝶翅膀，如图8-168所示。

03 返回舞台，执行"插入"|"新建元件"命令，新建图形元件"躯干"，进入元件编辑窗口，绘制蝴蝶的躯干。新建图形元件"投影"，将元件"翅膀"和"躯干"拖至元件编辑区域并打散，填充灰色，如图8-169所示。

04 返回舞台，新建影片剪辑元件"蝴蝶"，将图形元件"翅膀"和"躯干"拖至元件编辑区域内。新建图层2并将图层2拖到图层1的下方，将图形元件"投影"拖至图层2中，如图8-170所示。

05 在图层1的第5帧处插入关键帧，编辑第5帧中蝴蝶翅膀的形状，然后在第10帧处插入帧，以制作蝴蝶飞舞的效果，如图8-171所示。在图层2的第10帧处插入帧。

06 返回舞台，新建图层2，从"库"面板中将影片剪辑元件"蝴蝶"拖到舞台中，如图8-172所示。

图8-168　编辑元件"翅膀"

图8-169　编辑元件"投影"

图8-170　元件"蝴蝶"

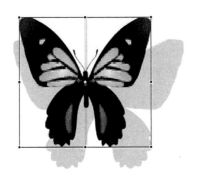

图8-171　编辑元件"蝴蝶"

图8-172　放置在舞台中的元件"蝴蝶"

07 选中图层2，单击鼠标右键，在弹出的快捷菜单中执行"添加传统运动引导层"命令，即可添加运动引导层。

08 选中引导层的第1帧，使用铅笔工具绘制一条曲线，如图8-173所示。这条曲线就是蝴蝶飞舞的路径。

09 将曲线的起始端对准蝴蝶的中心点，如图8-174所示，然后在引导层和图层1的第70帧处插入帧，在图层2的第70帧处插入关键帧。

图8-173　绘制曲线

图8-174　对准中心点

10 选中图层2第70帧处的蝴蝶，将其拖到曲线的尾端处，并且中心点要与曲线的尾端对准，如图8-175所示。

11 选择图层2的第1帧至第70帧之间的任意一帧，单击鼠标右键，执行"创建传统补间"命令，如图8-176所示，即可为蝴蝶创建传统补间动画。

图8-175　拖动蝴蝶

图8-176　执行"创建传统补间"命令

12 保存文档并命名为"蝴蝶飞舞"，然后按Ctrl+Enter组合键测试影片，欣赏引导层动画蝴蝶飞舞的最终效果，如图8-177所示。

图8-177　最终效果

8.8　本章小结

本章介绍了Flash中几种简单动画的创建方法。希望读者通过本章内容的学习，能了解逐帧动画和补间动画的原理，其中补间动画又包括传统补间动画和形状补间动画两大类，能够灵活运用各种动画的创建方式，编辑出更多的Flash动画效果。

- 在Flash CS6中包含的动画类型有逐帧动画、传统补间动画、形状补间动画、遮罩层动画和引导层动画。
- 动画预设是预配置的补间动画，可以将它们应用于舞台上的对象。只需选中对象并单击"动画预设"面板中的"应用"按钮即可。使用动画预设就是学习在Flash中添加动画的快捷方法。

8.9　课后习题

1. 选择题

（1）遮罩层中可以放置（　　）。

    A. 字体　　　　　　　　　　　　B. 形状

    C. 图形实例　　　　　　　　　　D. 影片剪辑

（2）在创作引导线动画的过程中，为了辅助对象更好地吸附到引导线的两端，通常需激活以下哪个选项？（　　）

　　A．贴紧至引导线　　　　　　　　B．贴紧至对象

　　C．吸附至引导线　　　　　　　　D．吸附至对象

2. 填空题

（1）传统补间动画是利于动画对象的_____和_____建立补间。

（2）在Flash CS6中，引导层分为_____和_____。

（3）使用_____可以使Flash中的对象沿着固定的轨迹运动。

3. 判断题

（1）可以在按钮内部创建遮罩层来丰富动画效果。（　　）

（2）两个图层可以同时使用一个遮罩层。（　　）

（3）在影片播放的时候，可以显示创建的引导层。（　　）

4. 上机操作题

（1）利用旋转动作补间动画功能，制作一个摩天轮动画，如图8-178所示。

（2）使用引导层创建一个滑翔机动画，如图8-179所示。

图8-178　摩天轮动画

图8-179　滑翔机动画

第<big>9</big>章
骨骼运动与3D动画

骨骼动画技术是一种依靠运动学原理建立的，应用于计算机动画的新兴技术。

学习要点

- 了解反向运动
- 掌握创建骨骼动画的方法
- 掌握编辑骨骼动画的方法
- 掌握3D旋转工具和3D平移工具

9.1 反向运动

Flash CS6的骨骼动画运用的是反向运动原理。

反向运动是一种运动学理论。它是一种使用骨骼的关节结构对一个对象或彼此相关的一组对象进行动画处理的方法。

以一个简单的人偶为例来介绍，如图9-1所示，人偶的躯干为祖父物体，上臂为父物体，前臂为子物体。

在反向运动中，需要在已经设置的子物体和父物体上添加一种算法，使父物体能够随着子物体的变换而进行相反方向的变换。仍然以人偶为例，当移动前臂时，上臂会随着前臂的移动进行相反方向的变换，如图9-2所示。

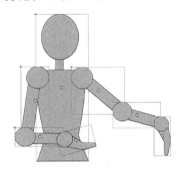

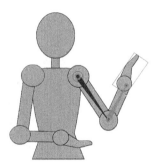

图9-1　人偶　　　　　　　　　　　　　　　　图9-2　反向运动

在Flash CS6中，使用骨骼和反向运动，只需要做最简单的设计工作，就可以使组件实体与形状对象按照复杂而自然的方式移动。

反向运动可以模拟人和动物的肢体运动，以及一些简单机械的机械臂运动。

9.1.1　创建骨骼动画

在Flash CS6中创建骨骼动画对象分为两种：元件的实例对象和图形形状。

这里介绍的是元件实例创建骨骼动画。元件可以是影片剪辑、图形元件和按钮，如果是文本，则需要将文本转换为元件。

在创建骨骼动画之前要先确定好各对象之间的关系。仍然以木偶为例，如图9-3所示，分别将其上臂、前臂和手作为祖父对象、父对象和子对象，然后使用选择工具 选中祖父对象上臂，在工具箱中选择骨骼工具 ，在身体和上臂处绘制骨骼，为手臂添加骨骼，如图9-4所示。

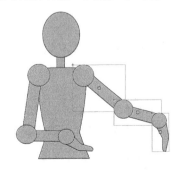

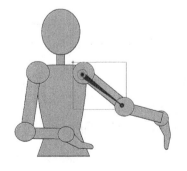

图9-3　人偶　　　　　　　　　　　　　　　　图9-4　绘制骨骼

用同样的方式，选中前臂，继续绘制骨骼，完成祖父对象、父对象到子对象之间的骨骼创建，如图9-5所示。

添加骨骼完成之后，在"时间轴"面板中选择骨骼图层的第25帧，单击鼠标右键，执行"插入姿势"命令，如图9-6所示，即可插入姿势。调整第25帧的骨骼姿势，如图9-7所示。Flash将自动在第1帧至第25帧之间创建骨骼补间动画，如图9-8所示。

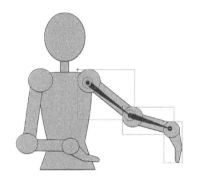

图9-5　继续绘制骨骼

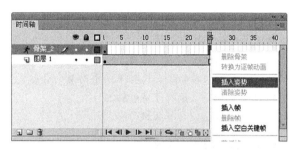

图9-6　执行"插入姿势"命令

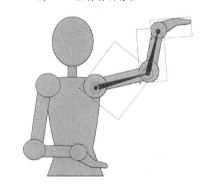

图9-7　调整姿势

图9-8　骨骼补间动画

骨骼动画是典型的相对运动到绝对运动的计算。根据骨骼运动的算法，将子物体与父物体通过骨骼进行连接，是父物体根据子物体的运动而进行变换。因此，骨骼动画属于反向运动。

骨骼不仅可以用于二维动画，在各种三维动画中，骨骼同样发挥着重要的作用。

> 🔍 **提 示**
>
> 骨骼工具需要在ActionScript 3.0的文件中才能够执行，而且不能够任意在不同的图层之间移动帧。

▶ 9.1.2　编辑骨骼动画

为对象创建骨骼之后，选中其中的骨骼，"属性"面板将显示与骨骼相关的属性，如图9-9所示。在骨骼"属性"面板中可以对骨骼进行设置，编辑骨骼动画。

下面介绍骨骼的相关属性编辑。

1. 骨骼级别按钮

Flash CS6中提供了便捷的骨骼选定工具，即骨骼级别按钮，如图9-10红线框内所示。选中任意一组骨骼，然后可以在"属性"面板中通过骨骼级别按钮切换选择其他骨骼。

图9-9 骨骼"属性"面板

图9-10 骨骼级别按钮

骨骼级别按钮包括以下4个。

- 上一个同级按钮：选择上一个同级的骨骼。
- 下一个同级按钮：选择下一个同级的骨骼。
- 子级按钮：选择子级骨骼。
- 父级按钮：选择父级骨骼。

2. 骨骼运动速度的设置

自然界中，动物各个关节骨骼的运动是不同步的。例如，人的前臂以肘关节为中心大角度旋转时，上臂往往只是旋转很小的角度。因此，在Flash中要想逼真地模拟骨骼运动，还需要设置骨骼的运动速度。

选择骨骼，如图9-11所示，然后在"属性"面板中打开"位置"选项栏，即可对骨骼的运动速度进行设置，如图9-12所示。

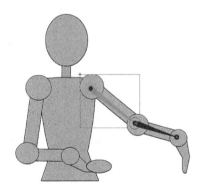

图9-11 选择骨骼

图9-12 设置运动速度

3. 联接方式

Flash CS6的骨骼主要有3种联接方式，即旋转、X平移和Y平移。Flash默认的骨骼联接方式为旋转，只能根据骨骼的节点进行旋转。

选择骨骼，如图9-13所示，然后在"属性"面板中可以设置骨骼的联接方式，如图9-14所示。

- 联接：旋转——默认设置为"启用"，指定被选中骨骼可以沿着父物体进行旋转。
- 联接：X平移——选中"启用"复选框，指定被选中骨骼可以沿着X轴方向进行平移。

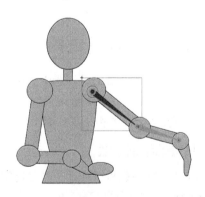

图9-13 选择骨骼

- 联接：Y平移——选中"启用"复选框，指定被选中骨骼可以沿着Y轴方向进行平移。

4. 约束骨骼

默认情况下，已创建的骨骼可以进行任意幅度的运动。在骨骼"属性"面板中提供了设置，用户可以对骨骼进行约束，限制骨骼的移动，如图9-15红线框内所示。

启用约束后，可以对骨骼的运动幅度进行设置。例如，选中"联接：旋转"选项栏中的"约束"复选框，在右侧设置骨骼旋转的最小角度为-15，最大角度为90，如图9-16所示，那么在旋转已约束的骨骼的时候，骨骼与父物体之间的夹角将无法超过该角度。

图9-14 联接方式

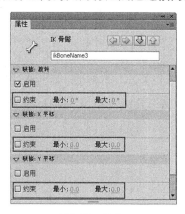
图9-15 约束

图9-16 设置约束角度

实例：制作木偶动画

源 文 件：	源文件\第9章\木偶动画.fla
视频文件：	视频\第9章\9-1木偶动画.avi

本实例将使用骨骼制作一个木偶跑步的动画。使用骨骼可以节省用户大量绘制逐帧动画的时间，提高工作效率。木偶动画如图9-17所示。

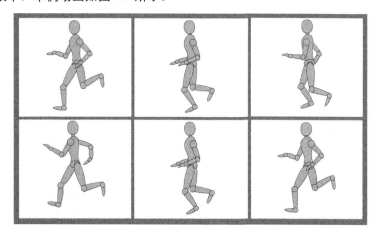
图9-17 木偶动画

01 新建一个空白文档，绘制木偶，并将木偶的头、上半身、胯部、手臂、腿部和双脚等分别转换为元件，如图9-18所示。

02 选中木偶的胯部，使用骨骼工具，将胯部元件与左右大腿部分连接，如图9-19所示。

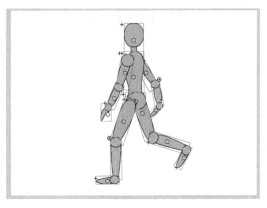

图9-18　创建元件

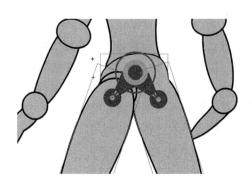

图9-19　绘制胯部骨骼

03 使用骨骼工具连接大腿和小腿，以及小腿和双脚，如图9-20所示。

04 再次选中木偶的胯部，使用骨骼工具将胯部和上半身连接起来，然后用同样的方法将上半身和头部连接起来，如图9-21所示。

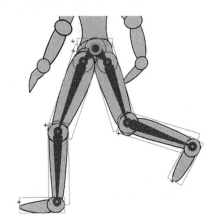

图9-20　绘制腿部骨骼

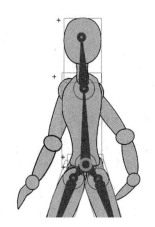

图9-21　绘制身体骨骼

05 选择木偶的上半身，使用骨骼工具分别将上半身和左右上臂连接起来，如图9-22所示。使用同样的方法将上臂和前臂、前臂和双手连接起来，然后调整各元件之间的排列顺序。至此，完成木偶的骨骼创建，调整姿势，如图9-23所示。

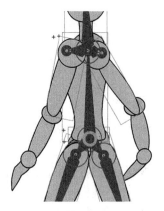

图9-22　连接到手臂

图9-23　木偶骨骼

06 在"时间轴"面板中将多余的空白图层删除，然后在图层"骨架_1"的第40帧处，单击鼠标右键，执行"插入姿势"命令，如图9-24所示。

07 选择图层"骨架_1"的第21帧，单击鼠标右键，执行"插入姿势"命令，创建关键帧，如图9-25所示。

图9-24 执行"插入姿势"命令

图9-25 创建关键帧

08 选择第21帧，使用选择工具，调整木偶的姿势，如图9-26所示，即可完成木偶跑步动画的制作。Flash CS6将自动为骨骼动画添加补间帧。

09 执行"文件"|"保存"命令，在弹出的"另存为"对话框中输入文件名"木偶动画"，如图9-27所示，单击"确定"按钮，保存文档。

10 按Ctrl+Enter组合键测试影片，欣赏木偶动画的最终效果，如图9-28所示。

图9-26 调整姿势

图9-27 保存文档

图9-28 最终效果

9.2 3D旋转工具

Flash CS6可以通过在舞台中使用3D旋转工具旋转影片剪辑来创建3D效果，可以改变实例的形状，使之看起来与观众之间形成一定的角度。

9.2.1 3D旋转动画

使用3D旋转工具 可以在3D空间中旋转影片剪辑实例，通过改变实例的形状，使其看起来

与观察者之间形成一定的角度，增加立体感。

选中工具箱中的3D旋转工具，然后单击舞台中的影片剪辑实例。此时，实例上将出现3D旋转控制器，如图9-29所示，红色为X轴，绿色为Y轴，蓝色为Z轴，橙色为自由旋转控件，可以同时控制X轴和Y轴的旋转。

将鼠标指针移动到X轴、Y轴、Z轴或自由旋转控件上，此时在鼠标指针的右下角处将显示该轴的名称。

拖动一个轴控件，可以使选择的实例围绕该轴旋转。例如，拖动X轴控件，实例将围绕X轴旋转，如图9-30所示；拖动Z轴控件，可以使实例围绕Z轴进行圆周旋转，如图9-31所示；而拖动自由旋转控件，可以使实例同时绕X轴和Y轴旋转，如图9-32所示。

图9-29　3D旋转控制器

图9-30　X轴旋转

图9-31　Z轴旋转

图9-32　自由旋转

提示

如果需要旋转多个影片剪辑，只要选中它们，再用3D旋转工具移动其中一个，其他对象将以相同的方式移动。

9.2.2　全局转换与局部转换

3D旋转工具有两种模式，分别为全局转换和局部转换。当选择3D旋转工具时，工具箱底部将显示3D旋转工具的相关选项，包括"贴紧至对象"按钮和"全局转换"按钮，如图9-33所示。

196

- 全局转换模式：Flash CS6的默认模式。在全局三维空间中旋转的实例对象将相对舞台旋转。
- 局部转换模式：在局部三维空间中旋转的实例对象将相对其父物体旋转。单击"全局转换"按钮 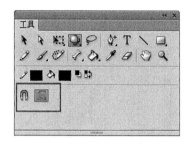，关闭全局转换模式，将进入局部转换模式。

图9-33 "贴紧至对象"按钮与"全局转换"按钮

9.3 3D平移工具

Flash CS6还可以通过使用3D平移工具 在3D空间中移动影片剪辑实例的位置，使影片剪辑实例看起来离观众更近或更远。

使用工具箱中的3D平移工具 ，选择舞台中的影片剪辑实例。此时，实例正中间将出现三维的坐标轴，如图9-34所示，有X轴、Y轴和Z轴。其中，红色为X轴，绿色为Y轴，而Z轴是一个黑色圆点。

当拖动X轴或Y轴时，实例将沿着X轴或Y轴方向移动。Z轴是实例中间的黑点，上下拖动该黑点即可在Z轴上移动实例。

选中影片剪辑实例，在"属性"面板的"3D定位和查看"选项栏中输入X、Y或Z的坐标值，如图9-35所示，也可以改变实例在3D空间中的位置。

图9-34 三维的坐标轴

图9-35 设置X、Y或Z的坐标值

9.4 拓展练习——制作3D相册

源 文 件:	源文件\第9章\3D相册.fla
视频文件:	视频\第9章\9-43D相册.avi

本节将结合前面所学3D功能，制作3D相册，最终效果如图9-36所示。

01 新建一个文档，执行"文件"|"导入"|"导入到舞台"命令，选择5张图片导入到舞台，如图9-37所示。

图9-36　3D相册　　　　　　　　　　　　　　　　　　图9-37　导入图片

02　分别将图片转换为影片剪辑元件，如图9-38所示。

03　新建图层2，在图层2上新建影片剪辑"相册"，进入元件编辑窗口，将元件"照片01"拖入到编辑窗口中，如图9-39所示。

04　在元件"相册"编辑窗口中新建图层2，将元件"照片02"拖入编辑窗口中，设置两张照片的位置，如图9-40所示。

图9-38　创建元件　　　　图9-39　元件"照片01"　　　　图9-40　元件"照片02"

05　在元件"相册"编辑窗口中新建图层3，将元件"照片03"拖入编辑窗口中，如图9-41所示。打开"变形"面板，选中"照片03"，在"变形"面板中设置"3D中心点"选项组中的X坐标为0，设置"3D旋转"选项组中的Y坐标为90，如图9-42所示。

图9-41　元件"照片03"　　　　　　　　　图9-42　设置变形参数

06 新建图层4，将元件"照片04"拖入编辑窗口中，如图9-43所示。选中"照片04"，在"变形"面板中设置"3D中心点"选项组中的X坐标为0，设置"3D旋转"选项组中的Y坐标为90，如图9-44所示。

图9-43 元件"照片04"

图9-44 设置变形参数

07 返回舞台，分别在图层1和图层2的第48帧处插入帧。选中图层2的第48帧，单击鼠标右键，执行"创建补间动画"命令，如图9-45所示。再选中该帧，单击鼠标右键，执行"3D补间"命令，如图9-46所示。

图9-45 执行"创建补间动画"命令

图9-46 执行"3D补间"命令

08 选中图层2的第48帧，单击鼠标右键，执行"插入关键帧"|"旋转"命令，如图9-47所示。打开"动画编辑器"面板，设置"基本动画"选项栏中的"旋转Y"为360，如图9-48所示。

图9-47 执行"旋转"命令

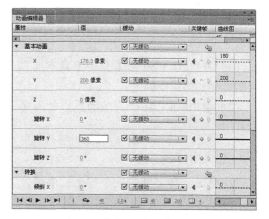

图9-48 "动画编辑器"面板

09 将文档命名为"3D相册"保存，按Ctrl+Enter组合键测试影片，欣赏最终效果，如图9-49所示。

图9-49　最终效果

9.5 本章小结

本章主要介绍了反向运动、骨骼的创建及编辑操作，还介绍了3D旋转工具与3D平移工具的使用方法。用户应该熟练掌握骨骼的编辑操作。

- Flash CS6的骨骼动画运用的是反向运动原理。在反向运动中，需要在已经设置的子物体和父物体上添加一种算法，使父物体能够随着子物体的变换而进行相反方向的变换。
- Flash CS6可以通过在舞台中使用3D旋转工具旋转影片剪辑来创建3D效果，可以改变实例的形状，使之看起来与观众之间形成一定的角度。

9.6 课后习题

1. 填空题

（1）骨骼的联接方式有_____、_____和_____3种。

（2）3D旋转工具的控制器有_____个轴，分别为_____、_____、_____和_____。

2. 判断题

（1）在Flash CS6中3D旋转工具不具有全局转换和局部转换模式。（　　）

（2）在Flash CS6中只能约束旋转的角度。（　　）

3. 上机操作题

使用骨骼工具，制作一个挖土机动画，如图9-50所示。

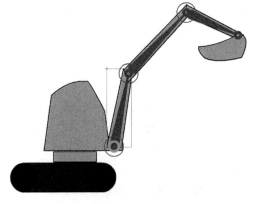

图9-50　挖土机动画

第10章
ActionScript基础

ActionScript是Flash的脚本语言，是Flash动画的一个重要组成部分，而且是Flash动画交互功能的精髓。它极大地丰富了Flash动画的形式，给创作者提供了无限的创意空间。

学习要点

- 掌握"动作"面板的使用方法
- 了解ActionScript的基础知识
- 掌握添加脚本代码的方法

10.1 "动作"面板

通过"动作"面板,用户可以创建嵌入到FLA文件中的脚本。本节将认识"动作"面板的组成及使用。

10.1.1 "动作"面板的组成

按F9键打开"动作"面板,它由动作工具箱、脚本导航器和脚本窗口组成,如图10-1所示。

图10-1 "动作"面板

1. 动作工具箱

通过动作工具箱可以选择不同的脚本语言类型。Flash CS6的脚本语言类型有ActionScript 1.0&2.0、ActionScript 3.0、Flash Lite 1.0 ActionScript、Flash Lite 1.1 ActionScript、Flash Lite 2.0 ActionScript、Flash Lite 2.1 ActionScript、Flash Lite 3.0 ActionScript、Flash Lite 3.1 ActionScript、Flash Lite 4.0 ActionScript,如图10-2所示。

2. 脚本导航器

使用脚本导航器可以显示当前文档中添加了脚本的对象。单击脚本导航器中的某一项目,与该项目关联的脚本将显示在脚本窗口中,并且播放头将移到时间轴上相应的位置,如图10-3所示。

图10-2 脚本语言类型

图10-3 脚本导航器

3. 脚本窗口

在脚本窗口中可以对代码进行添加、查找和替换、插入目标路径、语法检查、自动套用格式、显示代码提示、调试选项、折叠成对大括号、折叠所选、展开全部、应用块注释、代码片段、脚本助手、帮助等操作。

下面对这些按钮进行简单介绍。

- 将新项目添加到脚本中：单击该按钮显示预置的动作语言元件，从中可以选择要添加到脚本中的项目。这些预置的元件也可以在动作工具箱中找到并选择。
- 查找和替换：查找和替换脚本中的内容。
- 插入目标路径：帮助用户为脚本中的某个动作设置绝对或相对目标路径。
- 语法检查：检查当前脚本中的语法错误，并将语法错误列在输出面板中。
- 自动套用格式：设置脚本的格式以实现正确的编码语法和更好的可读性。
- 显示代码提示：在关闭自动代码提示后，可使用"显示代码提示"来显示正在处理的代码行的代码提示。
- 调试选项：设置和删除断点，以便在调试时可以逐行执行脚本中的每一行。
- 折叠成对大括号：将大括号中的内容折叠起来。
- 折叠所选：将所选择的内容折叠起来。
- 展开全部：对折叠的部分进行展开显示。
- 应用块注释：注释多行代码。
- 代码片段 代码片断：可打开"代码片段"面板，添加集成的代码片段。
- 脚本助手：通过从动作工具箱选择项目来编写脚本。
- 帮助：打开"帮助"面板。
- 面板菜单：包含适用于"动作"面板的命令和首选参数。例如，可以设置行号和自动换行。
- 固定活动脚本：将当前脚本内容固定在脚本窗口中，即使在工作区内选中其他对象，在脚本窗口中依然显示先前固定的脚本。

10.1.2　脚本助手模式

在Flash CS6中，脚本窗口可分为手写和脚本助手两种不同的模式。对于新手而言，可以使用脚本助手模式来编写脚本。在使用过程中，脚本助手会提供一个输入参数的窗口。

在"动作"面板中单击"脚本助手"按钮，切换至脚本助手模式，此时的工具栏已发生变化，如图10-4所示。

图10-4　脚本助手模式

10.2 常用动作命令语句

在ActionScript中，包含大量常量、变量、运算符、函数和各种语句。通过对这些常量、变量、运算符、函数和各种语句的运用，用户可以轻松地创建各种复杂的动画效果。

10.2.1 常量

所谓常量，就是恒定不变的数值。这种变量只能在声明时赋值，而且一经赋值，就不能再改变。

使用Const声明常量的语法与使用Var声明变量的语法完全一样，只不过将Var改为了Const。

```
Const foo:int=100;
```

如果要改变常量的值，编译器会报错。

10.2.2 变量

变量是一个名称，它代表计算机内存中的值。在编写语句来处理值时，编写变量名来代替值；只要计算机看到程序中的变量名，就会查看自己的内存并使用在内存中找到的值。

初学者往往把变量当成数据，其实变量指向的数据会发生相应的变化。

在使用变量之前必须声明变量，格式如下。

```
Var 变量名：数据类型；
Var 变量名：数据类型=值；
```

Var 是一个关键字，用来声明变量。首先，变量的数据类型写在冒号后；其次，如果要赋值，那么值的数据类型必须和变量的数据类型一致。

变量的命名，必须符合以下规则。

- 必须以英文字母a到z开头，没有大小写的区别。
- 不能有空格，可以使用下划线。
- 不能与Action中使用的命令名称相同。
- 在它的作用范围内必须是唯一的。

> 🔍 提 示
>
> 变量可添加在时间轴上的任何关键帧中，也可以添加到按钮或影片剪辑中，通过触发事件产生作用。

10.2.3 数据类型

在声明变量和常量时，需要指定数据类型。ActionScript数据按照结构可以分为：基元数据类型、核心数据类型和内置数据类型。

1. 基元数据类型

基元数据是ActionScript最基础的数据类型，在编程中经常要用到。

- Boolean：布尔值，表示真假的数据类型。一种逻辑数据，只有两个值：true（真）、false（假）。已经声明但是忘了赋值的布尔型变量，此时这个变量的值是false。
- Number：用来表示所有的数字，包括整数、无符号整数以及浮点数。Number使用64位双精度格式存储数据，其最小值和最大值分别存放在Number对象的Number.MIN_VALUE和Number.MAX_VALUE属性中。
- Int：整数数据类型，默认值为0。用于存储从-217483648~2147483647之间所有的整数。
- Uint：表示无符号的整数（非负整数），其默认值也为0。取值范围为0~4294967295之间的所有正整数。
- NULL：比较特殊的数据类型，其值只有一个，即null，表示空值。null值为字符串类型和所有类的默认值，且不能作为类型修饰符。
- String：表示一个16位字符的序列。字符串在数据的内部存储为Unicode字符，并使用UTF-16格式。
- Void：变量也只有一个值，即undefined，其表示无类型的变量。Void型变量仅可用作函数的返回类型。无类型变量是指缺乏类型注释或者使用星号（*）作为类型注释的变量。

2. 核心数据类型

除了基元数据外，ActionScript还有一些复杂的数据类型。

核心数据主要包括Object（对象）、Array（数组）、Date（日期）、Error（错误对象）、Function（函数）、RegExp（正则表达式对象）、XML（可扩充的标记语言对象）和SMLList（可扩充的标记语言对象列表）等。

其中，最常用的核心数据是Object，Object数据类型是由Object类定义的，Object类用作ActionScript中的所有类定义的基类。

3. 内置数据类型

内置数据类型大部分都是很复杂的。

- MovieClip：影片剪辑元件。
- TextField：动态文本字段或输入文本字段。
- SimpleButton：按钮元件。
- Date：有关时间中的某个片刻的信息（日期或时间）。

10.2.4 基本语法

和其他程序开发软件一样，ActionScript具有语法规则，本节将学习ActionScript 3.0的基本语法。

- 在Var关键字与后面的语句间应加上空格。
- 在两条语句中间应用分号（；）作为分隔符。
- 一条语句必须在一行内完成，在代码过长的情况下，可用空格或Enter键换行进行多行书写。
- 点（.）用来表示某个对象相关的属性、方法或目标路径。
- 在ActionScript中，变量和对象都区分大小写。
- 使用注释能使程序更易理解。

10.2.5 运算符

运算符是指定如何组合、比较或修改表达式值的字符，具体包括算术运算符、比较运算符、

逻辑运算符、按位运算符和赋值运算符。

1. 算术运算符

算术运算符就像在小学学习的运算，也是ActionScript中最基础的运算符。

- "+"运算符：将两个操作数相加。
- "-"运算符：用于求反或减法运算。
- "--"运算符：操作数递减。
- "++"运算符：操作数递增。
- "/"运算符：操作数与操作数的比值。
- "%"运算符：求模（除后的余数）。
- "*"运算符：两个操作数相乘。

2. 比较运算符

比较运算符主要是两个表达式进行比较。

- "=="等于号：表示两个表达式相等。
- ">"大于号：表示第1个表达式的值大于第2个表达式的值。
- ">="大于等于号：表示第1个表达式的值大于等于第2个表达式的值。
- "!="不等号：表示两个表达式的值不相等。
- "<"小于号：表示第1个表达式的值小于第2个表达式的值。
- "<="小于等于号：表示第1个表达式的值小于等于第2个表达式的值。
- "==="绝对等于号：表示第1个表达式和第2个表达式的Number、Int、Uint 三种数据类型执行数据转换。
- "!=="绝对不等于号：意义与绝对等于号完全相反。

3. 逻辑运算符

使用逻辑运算符可以对数字、变量等进行比较，然后得出它们的交集或并集作为输出结果。逻辑运算符包括以下3种。

- "&&"运算符：逻辑"与"运算，当条件同时满足该运算符左右两边的表达式时，触发事件，即满足条件为它们的交集，如图10-5所示。
- "||"运算符：逻辑"或"运算，当条件满足该运算符左右任意一边的表达式时，触发事件，即满足条件为它们的并集，如图10-6所示。

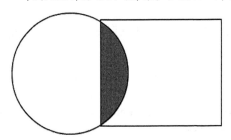

图10-5 交集

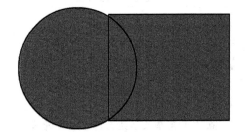

图10-6 交集

- "!"运算符：逻辑"非"运算，当条件不能满足该运算符左右两边的表达式时，触发事件，即满足条件为它们的补集，如图10-7所示。

当使用"&&"时，如果第一个表达式就返回false，那么将不会执行第二个表达式，只有当第一个表达式返回true时，才会执行第二个表达式；当使用"||"时，如果第一个表达式就返回true，

那么将不会执行第二个表达式，只有当第一个表达式返回false时，才会执行第二个表达式。

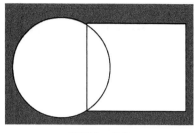

图10-7　补集

4. 按位运算符

在使用按位运算符时，必须将数字转换为二进制，然后才能对二进制数字的数位进行运算。运算的时候并不是简单的算术运算或逻辑运算，而是根据二进制数字的位来操作的。其中包括"&（按位与）"、"|（按位或）"、"<<（按位左移动）"、">>（按位右移动）"、"~（按位非）"、">>>（无符号的按位右移动）"、"^（按位异或）"。

5. 赋值运算符

简单的赋值运算符就是等于"="，用于为声明的变量或常量指定一个值。

复合赋值运算符是一种组合运算符，是将其他类型的运算符与赋值运算符结合使用。在ActionScript 3.0中有3种复合赋值运算符。

- 算术赋值运算符是算术运算符和赋值运算符的组合，共有5种。
  - "+="运算符：加法赋值运算。a+=b相当于a=a+b。
  - "%="运算符：求模赋值运算。a%=b相当于a=a%b。
  - "-="运算符：减法赋值运算。a-=b相当于a=a-b。
  - "*="运算符：乘法赋值运算。a*=b相当于a=a*b。
  - "/="运算符：除法赋值运算。a/=b相当于a=a/b。
- 逻辑赋值运算符是逻辑运算符和赋值运算符的组合。
  - "&&="运算符：逻辑与赋值。a&&=b相当于a=a&&b。
  - "||="运算符：逻辑或赋值。a||=b相当于a=a||b。
- 按位赋值运算符是按位运算符和赋值运算符的组合。
  - "&="运算符：按位与赋值。a&=b相当于a=a&b。
  - "|="运算符：按位或赋值。a|=b相当于a=a|b。
  - "^="运算符：按位异或赋值。a^=b相当于a=a^b。
  - "<<="运算符：按位左移赋值。a<<=b相当于a=a<<b。
  - ">>="运算符：按位右移赋值。a>>=b相当于a=a>>b。
  - ">>>="运算符：按位无符号右移赋值。a>>>=b相当于a=a>>>b。

▶ 10.2.6　语句

语句是告诉FLA文件执行操作的指令，执行特定的动作。一条语句由一个或多个表达式、关键字或运算符组成。

在ActionScript中，用大括号（{}）括起来的一组语句称为语句块。

1. 条件语句

条件语句用于在影片中需要的位置设置执行条件，当影片播放到该位置时，程序将对设置的条件进行检查。如果这些条件得到满足，则判断结果为true（真），Flash将运行条件后面大括号内的语句；如果条件不满足，则判断结果为false（假），Flash将跳过大括号内的语句，直接运行

大括号后面的语句。

条件语句需要用If…else（可以理解为"如果…就…；否则就…"）命令来设置。在执行过程时，If命令将判断其后的条件是否成立，如果条件成立，则执行下面的语句，否则将执行else后面的语句。例如，下面的语句就是一个典型的条件语句，当变量score的值大于等于100时，程序将执行play()语句以继续播放影片，否则将执行stop()以停止影片的播放。

```
If (score>=100){
Play();
}else{
  stop();
}
```

2. 循环语句

ActionScript可以按指定的次数重复一个动作，或者在特定的条件成立时重复动作。循环语句可以使用户在特定条件为true时，重复执行一系列语句。在ActionScript中有4种类型的循环：for循环、for…in循环、while循环和do…while循环。不同类型的循环的行为方式互不相同，而且分别适合于不同的用途。

▶ 10.2.7 函数

函数是可以向脚本传递参数并能够返回值的可重复使用的代码块。ActionScript中的函数，包含各种各样的常见编程任务，如处理数据类型、生成调试信息以及与Flash Player或浏览器进行通信。函数根据其适用对象的不同，又分为时间轴控制、浏览器/网络、打印函数、其他函数、数字函数、转换函数和影片剪辑控制7种类型。下面简单介绍其中几种类型的用法。

1. 时间轴控制

该类函数用于控制时间轴，可以控制场景、场景中的时间轴、影片剪辑的播放、停止及跳转等，其中最为常用的有play、stop、gotoAndPlay和gotoAndStop。

- play：执行该命令时，影片或影片剪辑开始播放。该命令没有参数。
- stop：当播放头播放到含有该动作脚本的关键帧时停止播放。通过按钮也可以触发该动作，使影片停止。该命令没有参数。
- gotoAndPlay：影片转到帧或帧标签处并开始播放，如果未指定场景，则播放头将转到当前场景中的指定帧。
- gotoAndStop：影片转到帧或帧标签处并停止播放，如果未指定场景，则播放头将转到当前场景中的指定帧。

2. 浏览器/网络

该类函数中的动作脚本，主要针对的是Flash播放器及其他外部文件产生作用的命令。使用该类中的动作脚本，可以开启Flash动画影片以外的应用程序或网络链接，获取外部信息，调用外部图片文件等。

- fscommand：使Flash动画影片文件与Flash Player播放器或承载Flash Player的程序（如IE浏览器）进行通信。在独立播放器命令下拉列表中包括"fullscreen[true/false]"、"allowscale[true/

false]"、"showmenu[true/false]"、"trapallkeys[true/false]"、"exec"和"quit"命令。

- getURL：将来自特定URL的文件加载到窗口中，或将变量传递到位于所定义的URL的另一个应用程序。要使用该函数，必须确保要加载的文件位于指定的位置。该函数最常见的用法就是打开相应的网页链接。
- loadMovieNum：在播放Flash动画影片时，可以将SWF、JPEG、GIF、PNG文件加载到该动画指定的影片剪辑中。
- loadVariablesNum：用于从外部文件中读取数据，并修改目标影片剪辑中变量的值。

3. 影片剪辑控制

对影片剪辑进行控制的相关动作脚本的集合，使用该类中的动作脚本，可以实现调整影片剪辑属性、复制影片剪辑、移除影片剪辑、拖曳影片剪辑等操作。

- duplicateMovieClip：当Flash动画影片播放时，对目标影片剪辑进行复制，从而在影片中得到新的影片剪辑实例，使用removeMovieClip( )函数或方法可以删除duplicateMovieClip( )创建的影片剪辑实例。
- setProperty：用于更改影片剪辑属性值的动作脚本，使用该动作脚本可以修改目标影片剪辑的大小、位置、角度、透明度等属性。
- on：添加在按钮元件上，通过鼠标事件或按钮触发该函数中所包含的内容。
- onClipEvent：添加在影片剪辑上，用于触发为特定影片剪辑实例定义的动作。
- startDrag：使影片剪辑在影片播放过程中可以被鼠标拖曳。一次只能拖动一个影片剪辑，使用stopDrag( )动作脚本停止拖曳，或者其他影片剪辑调用了startDrag( )动作脚本停止拖曳。

10.3 拓展练习——制作播放控制按钮

源 文 件：	源文件\第10章\播放控制按钮.fla
视频文件：	视频\第10章\10-3播放控制按钮.avi

本节将结合前面所学内容，制作播放控制按钮，效果如图10-8所示。

01 执行"文件"|"打开"命令，打开素材文件，如图10-9所示。

02 执行"窗口"|"公用库"|"Buttons"命令，打开"外部库"面板，如图10-10所示。

03 选择两个按钮元件，将其拖入舞台中，并双击按钮实例，对颜色和图形进行修改，如图10-11所示。

04 选择播放按钮元件，打开"动作"面板，在动作工具箱的影片剪辑控制中双击"on"动作，在提示中双击"press"动作，如图10-12所示。

图10-8 播放控制按钮

图10-9　打开素材文件

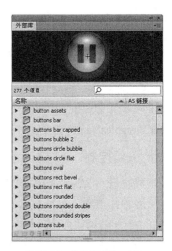

图10-10　"外部库"面板

图10-11　添加按钮

图10-12　添加脚本

05 在大括号中间换行后，在时间轴控制中选择"play"动作，如图10-13所示。

06 选择暂停按钮元件，打开"动作"面板，在动作工具箱的影片剪辑控制中双击"on"动作，在提示中双击"press"动作。在大括号中间换行后，在时间轴控制中双击"stop"动作，如图10-14所示。

图10-13　添加脚本

图10-14　添加脚本

07 新建图层，在第1帧和最后1帧单击鼠标右键，插入关键帧，并打开"动作"面板，在时间轴控制中双击"stop"动作，如图10-15所示。

08 至此，播放控制按钮制作完成。保存并测试影片，如图10-16所示。

图10-15 添加脚本　　　　　　　　　　图10-16 测试影片

10.4 本章小结

本章主要介绍了ActionScript的基础、常用语句等知识，重点介绍了ActionScript的基础语法及添加方法。通过本章的学习，读者会对ActionScript有一个初步的了解和认识，为以后的动画制作做好充分的准备。当然，ActionScript的知识不是一个章节就可以全部概括的，所以在以后的动画创作中，读者还需要通过各种方法来更深入地理解和使用ActionScript。

- 通过"动作"面板，用户可以创建嵌入到FLA文件中的脚本。按F9键打开"动作"面板，它由动作工具箱、脚本导航器和脚本窗口组成。
- 在Flash CS6中，脚本窗口可分为手写和脚本助手两种不同的模式。对于新手而言，可以使用脚本助手模式来编写脚本。在使用过程中，脚本助手会提供一个输入参数的窗口。

10.5 课后习题

1. 选择题

（1）执行什么命令时影片或影片剪辑开始播放？（　　）

    A．play　　　　　　　　　　　　B．gotoAndPlay

    C．stop　　　　　　　　　　　　D．gotoAndStop

（2）使影片剪辑在影片播放过程中可以被鼠标拖曳的脚本是什么？（　　）

    A．startDrag　　　　　　　　　　B．Drag

    C．setProperty　　　　　　　　　D．onClipEvent

2. 填空题

（1）在Flash CS6中，脚本窗口可分为_____和_____两种不同的模式。

（2）_____语句可以将SWF、JPEG、GIF、PNG文件加载到该动画指定的影片剪辑中。

3. 判断题

（1）变量的命名可以使用空格，不能使用下划线。（　　）

（2）"on"动作脚本是添加在按钮元件上，通过鼠标事件或按钮触发该函数中所包含的内容。（　　）

4. 上机操作题

（1）根据本章所学知识，制作控制影片前进和后退按钮，如图10-17所示。

图10-17　前进和后退按钮

（2）根据本章所学知识，制作一个超链接按钮，如图10-18所示。

图10-18　超链接按钮

第11章
ActionScript 3.0应用

　　ActionScript 3.0是一种内容丰富且功能强大的面向对象编程语言，从而使Flash实现了交互性、数据处理以及其他许多功能。本章将介绍ActionScript 3.0的应用。

学习要点

- 掌握在ActionScript 3.0中使用类
- 掌握常用类的编辑
- 掌握显示层级和显示对象

11.1 在ActionScript 3.0中使用类

类是对象的抽象表示形式，用来存储有关对象可保存的数据类型及对象可表现的行为的信息。使用类可以更好地控制对象的创建方式以及对象之间的交互方式。

在Flash CS6中提供了很多类，这些类按照不同的功能封装了一些函数和变量，用于不同的数据运算。绝大多数的Flash应用程序都会使用到它们。

▶ 11.1.1 创建类的实例

首先要为某个要使用的具体个体创建一个实例来表示它，然后才能在该类中使用它。例如，使用People这个类来表示"人"范畴，可以有肤色、头发这些属性。但是，当要使用People类中的某个个体时，就必须创建一个实例来表示这个个体。一般会使用new作为关键字。

下面的代码就是创建一个名称为Jackson的People实例。

```
var Jackson:People=new People();
```

因为类是对象的抽象表示形式，所以必须创建实例才能使用。例如Date类，首先要创建该类的新实例，然后才能使用它的属性和方法。属性和方法是类的重要组成部分，用于表现类的性质和实现功能。

使用new运算符和构造方法创建类的一个新实例后，该类的所有属性和方法都会被复制到该实例中。例如，下面的语句将创建一个名为myBirthday的Date类新实例，然后调用Date类的getMinutes方法。

```
var myBirthday:Date=new Date();
var fullMinutes:Number=myBirthday.getMinutes();
```

构造方法即创建新实例的函数，也可以带参数。例如，下面的代码在创建Number类的实例时，使用了带参数的构造方法。

```
var herNumber:Number=new Number(4567);
```

所有的类都是从Object类派生的。用户可以使用对象初始化运算符{}创建通用类型Object类的实例。虽然有一些类也是对象的抽象表示形式，但是它们一般不会有什么个体而言。例如，可以将故宫抽象为一个类，该类有方法和属性，但是故宫是唯一的，谈不上个体，也就不需要实例化。Math类就属于这一种类型，不需要实例化，直接就可以使用。

有一些类的方法和属性也具有某种唯一性，这些方法和属性不需要实例化就可以调用，称为静态方法和静态属性。

▶ 11.1.2 访问对象属性

属性是指在类中声明的各种可被外部引用的变量和常量。可被外部引用的常量又被称作公共常量。公共常量和属性合称类属性。在面对对象的编程中，对象是类的实例。使用点运算符可以访问对象中的属性值，对象名称在点的左边，而属性名称在点的右边。例如下面的语句中，myObject是对象名，name是属性名。

```
myObject.name
```

为属性赋值如下。

```
myObject.name= "abc"
```

更改属性值时，只需要给它一个新值。

```
myObject.name= "efg"
```

另外，还可以使用数组访问运算符来访问对象的属性。

```
myObject【name】
```

一些无须实例化的类可以直接访问属性。使用点运算符访问对象的属性，类名称在点的左边，而属性名称在点的右边。

11.1.3　调用对象方法

类中定义的函数被称为方法。创建类的一个实例后，该实例就会捆绑一个方法。可以通过在类的实例后点运算符的后面加上方法名。例如，下面的代码将调用Number类的toString方法。

```
var herNumber:Number=new Number(4567);
herNumber.toString(18);
```

一些无须实例化的类可以直接调用方法。

11.2　常用类的编辑

实际上类本身不是对象，不存在于内存中。当引用类的代码运行时，类的一个新实例即对象，便在内存中创建了。本节介绍常见的几种类的编辑。

11.2.1　响应鼠标事件

ActionScript可以响应很多种鼠标事件，大部分可以使用MouseEvent类的常量表示，如下。

- MouseEvent.CLICK：表示对象的click事件。
- MouseEvent.DOUBLE_CLICK：表示对象的doubleClick事件。
- MouseEvent.MOUSE_DOWN：表示对象的mouseDown事件。
- MouseEvent.MOUSE_MOVE：表示对象的mouseMove事件。
- MouseEvent.MOUSE_OUT：表示对象的mouseOut事件。
- MouseEvent.MOUSE_OVER：表示对象的mouseOver事件。
- MouseEvent.MOUSE_UP：表示对象的mouseUp事件。
- MouseEven.MOUSE_WHEEL：表示对象的mouseWheel事件。
- MouseEvent.ROLL_OUT：表示对象的rollOut事件。
- MouseEvent.ROLL_OVER：表示对象的rollOver事件。

另外，也有一部分使用Event类的常量表示，如下。

Event.MOUSE_LEAVE：表示对象的mouseLeave事件。

实例：鼠标控制物体移动

源 文 件：	源文件\第11章\鼠标控制物体移动.fla
视频文件：	视频\第11章\11-2鼠标控制物体移动.avi

本实例将制作一个鼠标控制物体移动的动画，主要通过对MouseEvent类的调用来实现，如图11-1所示。

01 新建一个Flash文档，将图层1重命名为"背景"，导入背景图片，如图11-2所示。

02 执行"插入"|"新建元件"命令，新建影片剪辑元件"ball"，进入元件编辑窗口，绘制图形，如图11-3所示。

03 选中元件，在"属性"面板中设置实例名称为"ball"，如图11-4所示。新建图层"动作"，单击第1帧的位置，执行"窗口"|"动作"命令，打开"动作"面板，如图11-5所示。

04 在"动作"面板中输入代码，如图11-6所示。

图11-1 鼠标控制物体移动

图11-2 导入背景图片

图11-3 绘制图形

图11-4 设置实例名称

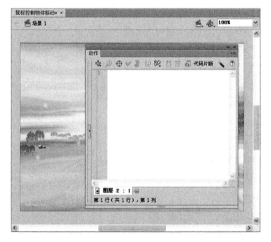

图11-5 "动作"面板

图11-6 输入代码

05 执行"文件"|"保存"命令，将文件命名为"鼠标控制物体移动"保存，如图11-7所示。

06 至此，完成动画制作，按Ctrl+Enter组合键测试动画效果，如图11-8所示。

图11-7 "另存为"对话框

图11-8 最终效果

11.2.2 元件类

元件类使用严格的类结构为Flash影片中的元件指定一个链接类名，而不是习惯上的时间线编写方式。

11.2.3 动态类

对于一些稍微复杂的程序来说，是由主类和多个辅助类组成的。辅助类用来封装分割开的功能，主类用来显示和集成各部分功能。

11.2.4 使用类包

一般来说，一个AS文件中只有一个类，但是在ActionScript 3.0中，允许在一个文件中定义多个类，用来辅助主类。

11.3 显示层级和显示对象

Flash对可视内容渲染显示是ActionScript 3.0最大的改变之一，其中理解对象层级和显示对象是必不可少的。

11.3.1 创建对象

在ActionScript 3.0中是通过构造实例的方式来创建对象的，如下。

- new MovieClip()：创建一个新的空的影片剪辑。
- new Sprite()：创建一个新的空的sprite。
- new TextField()：创建一个新的空的文本域。
- new Shape()：创建一个画布。

上面介绍的是创建新的对象，而对于库中已存在的元件的处理方式如下。

在ActionScript 3.0中，通常要为元件指定一个ID，这个ID可以作为一个类的名称，如图11-9所示。

指定类名称后，这个类可以有，也可以没有，如果没有编写名为Stsr.as的类，在编译时Flash会自动创建一个。

> **提 示**
>
> 当创建完对象之后，并不会立即显示出来，需要将其加入到"类"后，才会显示出来。

图11-9　设置类

11.3.2　显示对象

完成创建对象后，对象并不会立即显示在场景中。如果想要显示出来，则需要将其加入到"类"中，使用addChild方法即可让其显示出来。

> **提 示**
>
> 将对象移出"类"，可以将已显示的对象重新不显示。

11.4 使用键盘响应

实例：制作键盘控制方向动画

源 文 件:	源文件\第11章\键盘控制方向动画.fla
视频文件:	视频\第11章\11-4键盘控制方向动画.avi

本实例将通过脚本的运用，实现通过键盘控制影片元素，制作键盘控制方向动画，如图11-10所示。

01 执行"文件"|"新建"命令，新建一个ActionScript文件，如图11-11所示。

02 在文件中输入脚本，如图11-12所示，然后将文件命名为"car"保存。

03 执行"文件"|"新建"命令，新建一个ActionScript 3.0文档，如图11-13所示。绘制公路背景，如图11-14所示。

图11-10　键盘控制方向动画

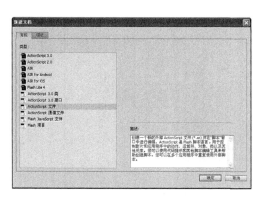

图11-11 "新建文档"对话框

图11-12 输入脚本

图11-13 "新建文档"对话框

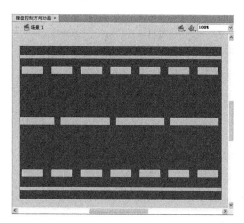

图11-14 绘制公路背景

04 执行"插入"|"新建元件"命令,新建影片剪辑"元件1",如图11-15所示,然后设置"元件1"的AS链接为car。

05 返回舞台,新建图层2,将影片剪辑"元件1"拖入舞台,设置实例名称为car,如图11-16所示。

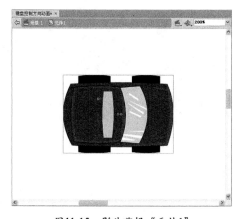

图11-15 影片剪辑"元件1"

图11-16 设置实例名称

06 选择图层2的第1帧，打开"动作"面板，如图11-17所示，然后在"动作"面板中输入脚本，如图11-18所示。

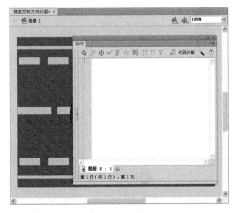

图11-17 "动作"面板

图11-18 输入脚本

07 将文档命名为"键盘控制方向动画"保存，至此，动画制作完成，按Ctrl+Enter组合键测试影片，最终效果如图11-19所示。

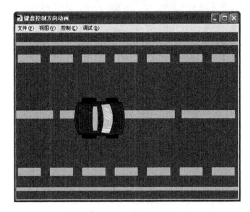

图11-19 最终效果

11.5 拓展练习——制作飞舞的蒲公英

源 文 件：	源文件\第11章\飞舞的蒲公英.fla
视频文件：	视频\第11章\11-5飞舞的蒲公英.avi

　　本节将运用前面所学的知识制作一个飞舞的蒲公英动画，效果如图11-20所示。

01 新建文档，导入背景素材，如图11-21所示。

02 执行"插入"|"新建元件"命令，新建影片剪辑"元件1"、"元件2"和"元件3"，绘制蒲公英，如图11-22所示。

图11-20 飞舞的蒲公英

图11-21　导入背景素材

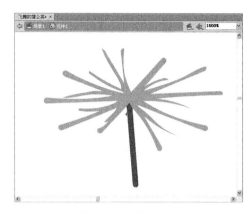

图11-22　绘制蒲公英

03 使用选择工具选择蒲公英图形，将颜色调整为白色。

04 新建影片剪辑"元件4"，将"元件1"拖入编辑窗口中。在第1帧至第218帧之间创建蒲公英飞舞的效果。新建图层2，在第218帧处插入空白关键帧，输入脚本，如图11-23所示。

05 新建影片剪辑"元件5"、"元件6"，用相同的方法制作蒲公英飞舞动画。

06 返回舞台，新建图层2，将"元件4"、"元件5"、"元件6"分别拖至舞台中。新建图层3，在第1帧处输入脚本，如图11-24所示。

图11-23　输入脚本

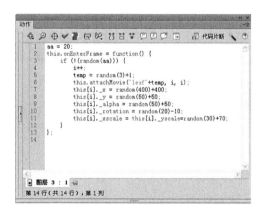

图11-24　输入脚本

07 将文档命名为"飞舞的蒲公英"保存，至此，动画制作完成，按Ctrl+Enter组合键测试影片，最终效果如图11-25所示。

图11-25　最终效果

11.6　本章小结

本章主要介绍ActionScript 3.0的应用，包括在ActionScript 3.0中使用类，常用类的编辑以及显示层级和显示对象，最后通过使用键盘响应实践了ActionScript 3.0的应用。

- 在Flash CS6中提供了很多类，这些类按照不同的功能封装了一些函数和变量，用于不同的数据运算。
- 使用ActionScript 3.0制作鼠标响应事件和键盘响应事件。

11.7　课后习题

1. 填空题

（1）属性是指在类中声明的各种可被外部引用的_____和_____。

（2）使用点运算符可以访问对象中的属性值，对象名称在点的_____，而属性名称在点的_____。

（3）_____使用严格的类结构为Flash影片中的元件指定一个链接类名，而不是习惯上的时间线编写方式。

2. 判断题

（1）在ActionScript 3.0中，使用addChild方法，可以让创建好的对象不显示。（　　）

（2）使用removeChild方法，将影片剪辑实例名作为参数，就可以将其从舞台上删除。（　　）

第12章
应用组件

组件，就是集成了一些特定功能，并且可以通过设置参数来决定工作方式的影片剪辑。设计这些组件的目的是为了让Flash用户轻松使用和共享代码、编辑复杂功能、简化工序，使用户无须重复新建元件、编写动作脚本，就能够快速实现需要的效果。

学习要点

- 认识Flash中的组件
- 掌握组件的基本操作
- 掌握常见组件的使用

12.1 组件简介

组件是带有参数的影片剪辑，可以修改其外观和行为。使用组件能快速构建丰富的应用程序。在浮动面板组中单击"组件"按钮或按Ctrl+F7组合键即可打开"组件"面板，如图12-1所示。

Flash默认的组件可分为Media组件、User Interface组件和Video组件3类。

下面分别介绍这3类组件的功能。

- Media组件：可以创建媒体播放器，播放指定的媒体文件。在Media组件中包括3种组件，如图12-2所示。
- User Interface组件：主要用于创建具有交互功能的用户界面程序。在User Interface组件中包括22种组件。
- Video组件：可以创建各种样式的视频播放器。在Video组件中包括多个单独的组件内容，如图12-3所示。

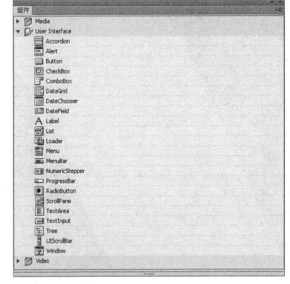

图12-1 "组件"面板

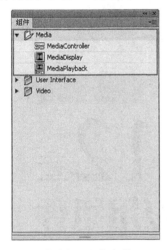

图12-2 Media组件

图12-3 Video组件

12.2 组件的基本操作

本节将学习组件的添加与删除、预览与查看等基本操作。

12.2.1 组件的添加与删除

在文档中添加组件，只需在"组件"面板中将所需组件拖至舞台或"库"面板即可，如不需要使用，删除组件可以减小Flash文档的大小。

1. 在舞台中添加和删除组件

01 在"组件"面板中，选择所需的组件，并将其拖至舞台中，即可添加组件，如图12-4所示。

02 选择舞台中添加的组件，按Delete键即可删除该组件。但是，同时导入到"库"面板中的组件不会被删除，如图12-5所示。

图12-4　在舞台中添加组件

图12-5　"库"面板

> 🔍 **提 示**
>
> 在"组件"面板中双击所需的组件，也可快速将该组件添加到舞台中。

2. 在"库"面板中添加和删除组件

01 选择"组件"面板中所需的组件，将其拖入"库"面板中，即可添加组件，如图12-6所示。

02 选择组件，单击"库"面板左下角的"删除"按钮 🗑，即可删除组件，如图12-7所示。

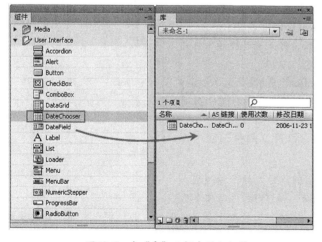

图12-6　在"库"面板中添加组件

图12-7　删除组件

> 🔍 **提 示**
>
> 将组件拖入到舞台的同时，Flash会将一个可编辑的影片剪辑元件导入到"库"面板中。

12.2.2 组件的预览与查看

将组件拖入舞台中，此时的"属性"面板如图12-8所示。单击"属性"面板中的"绑定和架构面板"按钮，可弹出"组件检查器"面板，如图12-9所示。在该面板中可对组件的参数进行查看。

图12-8 "属性"面板

图12-9 "组件检查器"面板

12.3 组件的应用与设置

组件的种类很多，每种组件的使用方法都不一样。本节将介绍组件的应用与设置。

12.3.1 使用Media组件

使用Media组件可以创建媒体播放器，播放FLV和MP3媒体文件。Media组件中的3种组件功能各不相同。

- MediaController组件：控制媒体播放与暂停的标准用户界面控制器，但不能在该组件中显示出媒体内容。
- MediaDisplay组件：处理视频和音频文件并将其播放，但是在播放过程中用户无法对其进行控制。
- MediaPlayback组件：MediaController组件和MediaDisplay组件的组合，以流媒体的方式播放视频和音频数据，并可对其进行控制。

将MediaController组件拖入舞台中，打开"属性"面板，如图12-10所示。

图12-10 "属性"面板

- activePlayControl：确定播放栏在实例化时是处于播放模式还是暂停模式。该参数包括"pause"和"play"两项参数值，默认为"pause"。在"播放"/"暂停"按钮上显示的图像，与控制器实际所处的播放/暂停状态相反。
- backgroundStyle：确定是否为MediaController实例显示背景。该参数包括"none"和"default"两项参数值，默认为"default"。如图12-11所示为两种不同效果对比。
- controllerPolicy：确定控制器是根据鼠标位置打开或关闭，还是锁定在打开或关闭状态。该参数包括"auto"、"on"和"off"3项参数值，默认为"auto"。如图12-12所示为不同效果对比。

（a）参数为"none"时的效果　　　　　（b）参数为"default"时的效果

图12-11　不同参数效果对比

（a）参数为"auto"或"off"时的效果　　　　（b）参数为"on"时的效果

图12-12　不同参数效果对比

- horizontal：设置实例的控制器为垂直方向还是水平方向。选中该复选框表示水平方向，反之，表示垂直方向。默认为选中状态。
- enabled：确定此控件是否可由用户修改。选中该复选框表示可修改此控件，反之，表示不可修改。默认为选中状态。
- visible：确定此控件是否对用户可见。选中该复选框表示可查看此控件，反之，表示不可查看。默认为选中状态。

将MediaDisplay组件拖入舞台中，执行"窗口"|"组件检查器"命令，或者按Shift+F7组合键，在"组件检查器"面板中可查看该组件的参数，如图12-13所示。

通过"组件检查器"面板设置要播放的媒体类型，为其设置其他参数后，可以通过行为命令，将MediaDisplay组件和MediaController组件绑定在一起，合成一个完整的媒体播放器。

MediaPlayback组件整合了MediaDisplay组件和MediaController组件的功能。将MediaPlayback组件拖入舞台中，在"组件检查器"面板中可以查看该组件的参数，通过对参数的设置，可以播放媒体文件，如图12-14所示。

图12-13　"组件检查器"面板

图12-14　"组件检查器"面板

MediaPlayback组件的参数面板中各项功能分别介绍如下。

- FLV或MP3：指定要播放的媒体类型。
- Video Length：媒体提示点，只有选择"FLV"媒体类型才会出现该选项。由提示点对象组成

的数组，这些对象各自具有一个名称和时间位置，有效时间格式为HH:MM:SS:FF（选择"毫秒"选项时）或HH:MM:SS:mmm格式。

- Milliseconds：确定播放栏是使用帧还是使用毫秒，以及提示点是使用秒还是使用帧。当选择此选项时，FPS控件出现在"组件检查器"面板中。
- URL：设置要播放的媒体的路径及文件名。在该项中输入媒体的路径和文件名后，即可播放该媒体文件。
- Automatically Play：自动播放媒体。
- Use Preferred Media Size：使用预设的媒体播放尺寸，该项仅在选择"FLV"时才可用。
- Respect Aspect Ratio：保持原媒体播放尺寸，该项仅在选择"FLV"时才可用。
- Control Placement：设置控制器显示的位置，该参数包括Bottom、Top、Left和Right。
- Control Visibility：确定控制器是否根据鼠标的位置而打开或关闭。该参数包括Auto、On和Off。

12.3.2　使用User Interface组件

User Interface组件主要用于创建具有交互功能的用户界面程序。在User Interface组件中包括多类组件。

1. Button按钮组件

Button组件是一个矩形按钮，可以调整大小。用户可以在Flash程序中，通过鼠标或空格键按下该按钮，在Flash程序中启动操作。

在舞台中添加Button组件，并在"属性"面板中设置参数，如图12-15所示。

下面将介绍主要组件参数的意义。

- icon：一个布尔值，表示当按钮处于弹起状态时，Button组件周围是否绘有边框。
- lable：一个布尔值，表示组件能否接受用户输入。
- labelPlacement：标签相对于指定图标的位置。
- selected：一个布尔值，表示按钮是否已切换至打开或关闭位置。
- toggle：一个布尔值，表示按钮能否进行切换。
- visible：一个布尔值，表示当前组件实例是否可见。

2. CheckBox复选框组件

CheckBox组件是一个可以选中或取消选中的复选框。当它被选中后，框中会出现一个复选标记。在舞台中添加CheckBox组件，并在"属性"面板中设置参数，如图12-16所示。

图12-15　Button组件

图12-16　CheckBox组件

"属性"面板中的各项参数介绍如下。

- label：设置CheckBox组件将要显示的文字内容。
- labelPlacement：设置文字相对于复选框的位置，包括left、right、top和bottom共4个选项，每个选项的效果都不同，如图12-17所示。
- selected：设置复选框的初始状态是否被选取。

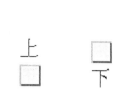

图12-17　设置labelPlacement的效果

3. ComboBox下拉列表组件

该组件为下拉列表组件。用户可以从下拉列表中进行单项选择，该组件是静态的，也可以是可编辑的。可编辑的ComboBox允许用户在列表顶端的文本字段中直接输入文本。

其实，ComboBox组件由3个子组件构成，包括BaseButton、TetInput和List组件。

将ComboBox组件拖至舞台中，打开"属性"面板，如图12-18所示。

其中一些特殊参数的名称及说明如下。

- editable：一个布尔值，指定ComboBox组件为可编辑还是只读。
- restrict：指定用户可以在文本字段中输入的字符。
- rowCount：指定没有滚动条的下拉列表中可显示的最大行数。

4. DataGrid数据库组件

该组件为数据库组件，可以将数据显示在行和列构成的网格中，这些数据来自数组，或DataProvider可以解析为数组的外部XML文件。

DataGrid组件包括垂直和水平滚动、事件支持（包括对可编辑单元格的支持）和排序功能。如图12-19所示为DataGrid组件的"属性"面板。

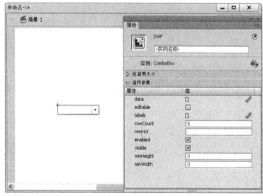

图12-18　ComboBox组件

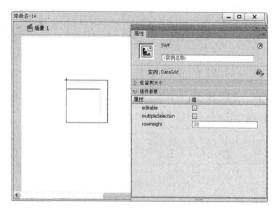

图12-19　DataGrid组件

在DataGrid组件的"属性"面板中，其中一些特殊参数的名称和说明如下。

- editable：用于设置组件内的数据是否可编辑。
- multipleSelection：用于设置是否选择多项。
- rowHeight：用于设置每行的高度，默认值为20。

5. DateField组件

DateField组件是一个带日历的文本字段，它将显示右边所带日历的日期。将DateField组件拖入舞台中，其"属性"面板如图12-20所示。最终测试结果如图12-21所示。

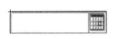

图12-20　DateField组件

图12-21　DateField组件效果

"属性"面板中的各项参数介绍如下。

- dayNames：用于设置一星期中各天的名称。
- disabledDays：用于设置一星期中禁用的各天。
- firstDayOfWeek：用于设置每个星期的第一天为星期几。
- monthNames：用于设置月份的名称。
- showToday：用于设置是否突出显示今天的日期。

6. Label单行文本组件

Label组件用于显示单行文本，标识网页上的其他元素。将Label组件拖至舞台，打开"属性"面板，如图12-22所示。

在Label组件"属性"面板中，特殊参数的名称及说明如下。

- autoSize：指定调整标签大小和对齐标签的方式，以适合其text属性的值。
- html：表示是否应从包含HTML文本的Label组件中删除额外空白，比如空格和换行符。
- text：指定Label组件显示的文本。

7. List 列表框组件

该组件是一个可滚动的单选或多选列表框，允许在列表框中选择一个或多个选项。将List组件拖至舞台，其"属性"面板如图12-23所示。

图12-22　Label组件

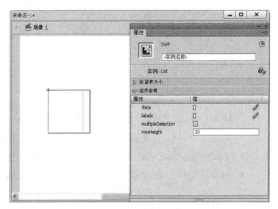

图12-23　List组件

在List组件"属性"面板中，特殊参数的名称及说明如下。

- data: 由填充列表数据的值组成的数组。
- labels: 由填充列表的标签值的文本值组成的数组。
- multipleSelection: 一个布尔值，它指示是否可以选择多个值。
- rowHeight: 指示每行的高度，以像素为单位。默认值为20，设置字体不会更改行的高度。

8. Loader组件

Loader组件好比一个显示器，可以显示SWF或JPEG文件。用户可以缩放组件中内容的大小，或者调整该组件的大小来匹配内容的大小。其"属性"面板如图12-24所示。

其中各项参数的含义如下。

- autoLoad: 指示内容是否自动加载。
- contentPath: 指示要加载到加载器中的文件，是一个绝对或相对的URL。相对路径必须是相对于加载内容的SWF文件的路径。
- scaleContent: 指示是内容进行缩放以适合加载器，还是加载器进行缩放以适合内容。

9. NumericStepper组件

NumericStepper组件允许用户逐个通过一组序列数字。分别单击向上、向下箭头按钮，文本框中的数字产生递增或递减的效果，该组件只能处理数值数据，其"属性"面板如图12-25所示。

图12-24　Loader组件

图12-25　NumericStepper组件

"属性"面板中的各项参数功能介绍如下。

- maximum: 设置可在步进器中显示的最大值，默认值为10。
- minimum: 设置可在步进器中显示的最小值，默认值为0。
- stepSize: 设置每次单击步进器增大或减小的单位，默认值为1。
- value: 设置在步进器的文本区域中显示的值，默认值为0。

10. ProgressBar组件

ProgressBar组件是一个显示加载情况的进度条。通过"属性"面板可以设置该组件中文字的加载内容及相对位置，如图12-26所示。

"属性"面板中各项参数的含义如下。

- conversion: 是一个数字，在显示标签字符

图12-26　ProgressBar组件

串中的%1和%2的值之前，用这些值除以该数字，默认值为1。

- direction：进度栏填充的方向，包含right和left两个选项，默认为right。
- label：加载进度的文本，此参数为一个字符串。"%3"是已经加载内容的百分比的占位符。"%%"是字符"%"的占位符。
- labelPlacement：进度栏标签的位置，包括top、bottom、left、right和center共5个选项。
- mode：进度栏运行的模式，包括event、polled、tools共3个选项。
- source：表示源的实例名称，是一个要转换为对象的字符串。

➡ 实例：制作Loading进度条

源 文 件：	源文件\第12章\Loading进度条.fla
视频文件：	视频\第12章\12-3Loading进度条.avi

本实例是利用ProgressBar组件制作Loading进度条，实例效果如图12-27所示。

01 启动Flash CS6，新建空白文档，将背景素材导入到舞台中，如图12-28所示。

图12-27　Loading进度条　　　　　　图12-28　导入背景素材

02 打开"组件"面板，选择ProgressBar组件，将其拖入舞台中，如图12-29所示。

03 进入"属性"面板，设置label的值为"正在下载下载进度%3%%"，如图12-30所示。

04 至此，Loading进度条制作完成，保存并测试影片。

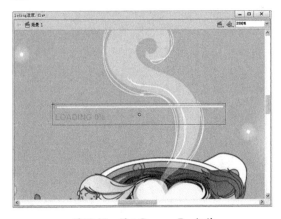

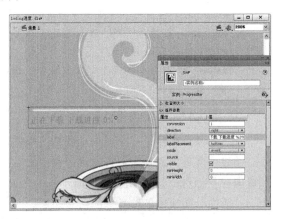

图12-29　添加ProgressBar组件　　　　　　图12-30　设置参数

11. RadioButton单选按钮组件

RadioButton组件为单选按钮组件，它允许在相互排斥的选项之间进行选择。此组件必须用于至少有两个RadioButton实例的组。在舞台中添加该组件，在"属性"面板中设置参数，如图12-31所示。

"属性"面板中各项参数的名称及含义如下。

图12-31　RadioButton组件

- data: 与单选按钮相关的值。
- groupName: 指定单选按钮组的组名。
- label: 设置按钮上的文本。
- labelPlacement: 确定按钮上标签文本的方向。该参数包括left、right、top和bottom共4个值，默认为right。
- selected: 将单选按钮的初始值设置为选中，被选中的单选按钮中会显示一个圆点。

> 🔍 **提　示**
>
> 在一组单选按钮中，始终只能有一个组成员被启用，选择组中的一个单选按钮，将会取消该组中当前启用的另一个单选按钮。

12. ScrollPane组件

ScrollPane组件可以在一个滚动区域内显示文件。通过使用滚动窗口，限制对象所占的屏幕区域，如图12-32所示。

ScrollPane组件的"属性"面板如图12-33所示，其中各项参数的含义如下。

图12-32　ScrollPane组件的应用效果

图12-33　ScrollPane组件"属性"面板

- contentPath: 设置要加载到滚动窗口中的内容。该值可以为本地对象的相对路径或Internet上文件的相对或绝对路径，也可以设置为"为ActionScript导出"的库中的影片剪辑元件的链接标识符。
- hLineScrollSize: 设置每次单击箭头按钮时水平滚动条移动多少个单位，默认值为5。
- hPageScrollSize: 设置每次单击轨道时水平滚动条移动多少个单位，默认值为20。
- hScrollPolicy: 显示水平滚动条。下拉列表中包括auto、on和off共3个选项，默认为auto。
- scorllDrag: 是一个布尔值，当选中该复选框后，用户在滚动窗口中可以拖动对象。
- vLineScrollSize: 设置每次单击箭头按钮时垂直滚动条移动多少个单位，默认值为5。

- vPageScrollSize：设置每次单击轨道时垂直滚动条移动多少个单位，默认值为20。
- vScrollPolicy：显示垂直滚动条。下拉列表中包括auto、on和off共3个选项，默认为auto。

13. TextArea文本域组件

TextArea组件为文本域组件，在需要多行文本字段的任何地方都可以使用文本域组件。默认状态下，该组件中的多行文字可以自动换行，还可以通过HTML语言在该组件中显示文本和图像。

将TextArea组件拖至舞台，打开"属性"面板，如图12-34所示。

在"属性"面板中一些特殊参数的名称及说明如下。

- editable：表示用户能否编辑组件中的文本。
- html：指文本是否采用HTML格式。
- text：在TextArea组件中显示的初始内容。
- wordWrap：设置文本是否自动换行。
- maxChars：指定用户可以在文本字段中输入的最大字符数。
- restrict：指定文本字段从用户处可以接收的字符串。

14. TextInput单行文本组件

TextInput组件可以输入单行文本内容或密码。通过该组件的"属性"面板，可以设置该组件是否可以编辑、组件输入的内容形式及组件的初始内容等，如图12-35所示。

图12-34　TextArea组件

图12-35　TextInput组件

在"属性"面板中各项参数的含义如下。

- editable：指示TextInput组件是否可编辑。
- password：指示字段是否为密码字段。
- text：指定TextInput组件的内容。
- maxChars：是文本输入字段最多可以容纳的字符数，默认为null（表示无限制）。
- restrict：指示用户可输入到文本输入字段中的字符集。
- enabled：是一个布尔值，它指示组件是否可以接收焦点和输入。
- visible：是一个布尔值，它指示对象是否可见，默认为可见。

实例：用户登录界面

源 文 件：	源文件\第12章\用户登录界面.fla
视频文件：	视频\第12章\12-3用户登录界面.avi

本实例是利用TextInput组件制作用户登录界面，实例效果如图12-36所示。

01 启动Flash CS6，新建空白文档，执行"文件"|"导入"|"导入到舞台"命令，将背景素材导入到舞台中，如图12-37所示。

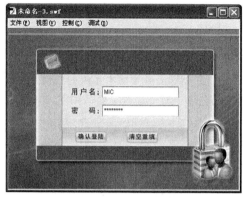

图12-36 用户登录界面

图12-37 导入背景素材

02 打开"组件"面板，选择TextInput组件，将其拖入到舞台中，如图12-38所示。

03 选择其中一个组件，在"属性"面板中设置参数，如图12-39所示。

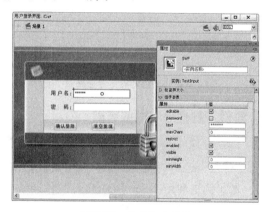

图12-38 添加TextInPut组件

图12-39 设置组件参数

04 选择另外一个组件，在"属性"面板中设置参数，如图12-40所示。

05 完成操作后，保存并测试影片，如图12-41所示。

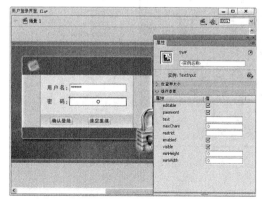

图12-40 设置组件参数

图12-41 测试影片

15. Tree组件

Tree组件可以分层查看数据。在该组件中，项目以"树"的形式展开，就如同Windows的资源管理器，如图12-42所示。

16. UIScrollBar组件

UIScrollBar组件允许将滚动条添加至文本字段。该组件的功能与其他所有滚动条类似，它两端各有一个箭头按钮，按钮之间有一个滚动轨道和滚动滑块。它可以附加至文本字段的任何一边，既可以垂直使用也可以水平使用。将UIScrollBar组件添加至舞台中，其"属性"面板如图12-43所示。

图12-42　Windows资源管理器　　　　图12-43　UIScrollBar组件"属性"面板

实例：制作滑块浏览页面

源　文　件:	源文件\第12章\滑块浏览页面.fla
视频文件:	视频\第12章\12-3滑块浏览页面.avi

本实例是利用UIScrollBar组件制作滑块浏览页面，实例效果如图12-44所示。

01 启动Flash CS6，新建一个空白文档，在文档中新建一个动态文本，并为其添加文本内容，执行"文本"|"可滚动"命令，如图12-45所示。

02 选中舞台中的动态文本，在"属性"面板中设置其实例名称为"text"，然后设置好其他参数，如图12-46所示。

03 从"组件"面板中将UIScrollBar组件拖入舞台中，放置在文本的右侧，调整大小，如图12-47所示。

04 执行"文件"|"导入"|"导入到舞台"命令，将背景素材导入舞台，并调整到合适的位置，如图12-48所示。

图12-44　实例效果

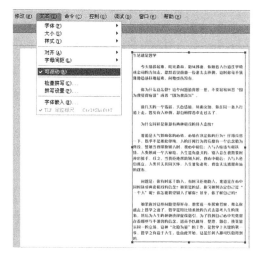

图12-45　执行"可滚动"命令

图12-46　设置参数

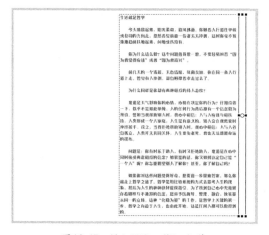

图12-47　添加UIScrollBar组件

图12-48　导入背景素材

05 选择UIScrollBar组件，在"属性"面板中设置参数，如图12-49所示。

06 完成操作后，保存并测试影片，如图12-50所示。

图12-49　设置参数

图12-50　测试影片

17. Window组件

　　Window组件是一个可以在具有标题栏、边框和关闭按钮（可选）的窗口内显示影片剪辑的内容的组件，将其添加到舞台中，"属性"面板如图12-51所示。

　　在Window组件的"属性"面板中各项参数的含义如下。

- closeButton: 选中该复选框，会在窗口中显示关闭按钮。
- contentPath: 指定窗口的内容。这可以是影片剪辑的链接标识符、屏幕、表单或包含窗口内容的幻灯片的元件的名称，也可

图12-51　Window组件

以是要加载到窗口的SWF或JPEG文件的绝对或相对URL，默认值为空白。加载的内容会被裁剪，以适合窗口大小。

- title: 设置窗口的标题。

➡️ **实例：制作我的窗口**

源　文　件：	源文件\第12章\我的窗口.fla
视频文件：	视频\第12章\12-3制作我的窗口.avi

　　本实例是利用Window组件制作我的窗口，实例效果如图12-52所示。

🔲1️⃣ 启动Flash CS6，执行"插入"|"新建元件"命令，新建影片剪辑元件，如图12-53所示。

图12-52　我的窗口

图12-53　新建影片剪辑元件

🔲2️⃣ 执行"文件"|"导入"|"导入到舞台"命令，如图12-54所示，将素材图像导入到舞台。

🔲3️⃣ 在"库"面板中设置AS链接为"pic"，如图12-55所示。

🔲4️⃣ 返回场景1，打开"组件"面板，选择Window组件，如图12-56所示。

图12-54　执行"导入到舞台"命令

图12-55　设置AS链接

图12-56　选择Window组件

05 将其拖入舞台中，并调整其大小及位置，如图12-57所示。

06 选择Window组件，在"属性"面板中设置参数，如图12-58所示。

07 完成操作后，保存并测试影片，如图12-59所示。

图12-57　添加Window组件

图12-58　设置参数

图12-59　测试影片

▶ 12.3.3　使用Video组件

使用Video组件可以创建各种样式的视频播放器。Video组件中包括多个单独的组件内容，如图12-60所示。

下面分别介绍这些组件的功能和用法。

- FLVPlayback：可以将视频播放器包括在Adobe Flash CS6 Professional应用程序中，以便播放通过HTTP渐进式下载的Adobe Flash视频（FLV）文件，或者播放来自Adobe的Macromedia Flash Media Server或Flash Video Streaming Service（FVSS）的FLV流文件。
- BackButton：可以在舞台上添加一个"后退"控制按钮。在"组件"面板中将该组件拖入到舞台中，即可应用该组件。在舞台中双击该组件，可对该组件进行编辑。
- BufferingBar：可以在舞台上创建一个缓冲栏对象。该组件在默认情况下，是一个从左向右移

动的有斑纹的条，在该条上有一个矩形遮罩，使其呈现斑纹滚动的效果，如图12-61所示。

- ForwardButton：可以在舞台中添加一个"前进"控制按钮。
- MuteButton：可以在舞台中创建一个声音控制按钮。
- PauseButton：可以在舞台中创建一个暂停控制按钮。
- PlayButton：可以在舞台中创建一个播放控制按钮。
- PlayPauseButton：可以在舞台中创建一个播放/暂停控制按钮。
- SeekBar：可以在舞台中创建一个播放进度条，用户可以通过播放进度条来控制影片的播放位置。
- StopButton：可以在舞台中创建一个停止播放控制按钮。
- VolumeBar：可以在舞台中创建一个音量控制器。

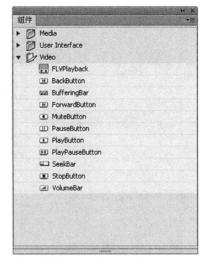

图12-60　Video组件

图12-61　BufferingBar组件

12.4　拓展练习——制作网站注册界面

源　文　件：	源文件\第12章\网站注册界面.fla
视频文件：	视频\第12章\12-4网站注册界面.avi

本节将结合前面所学内容，制作网站注册界面，效果如图12-62所示。

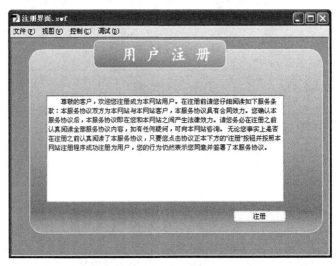

图12-62　网站注册界面

01 新建Flash文档，选择矩形工具，绘制矩形，如图12-63所示。

02 选择文本工具，输入文本，如图12-64所示。

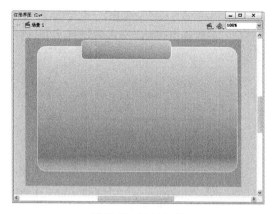

图12-63　绘制矩形

图12-64　输入文本

03 在第2帧处插入关键帧，修改文本，如图12-65所示。在第3帧处插入关键帧，绘制图形，如图12-66所示。

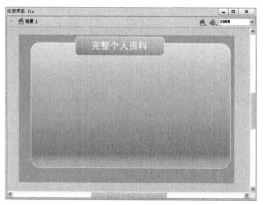

图12-65　修改文本

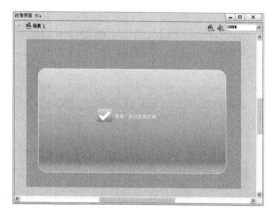

图12-66　绘制图形

04 新建图层2，打开"组件"面板，选择TextArea组件，将其拖入舞台，在"属性"面板中设置参数，如图12-67所示。

05 在"组件"面板中选择Button组件，将其拖入舞台中，在"属性"面板中设置参数，如图12-68所示。

图12-67　添加TextArea组件

图12-68　添加Button组件

06 在第1帧处，按F9键打开"动作"面板，在"动作"面板中输入脚本，如图12-69所示。

07 在第2帧处插入空白关键帧，选择文本工具输入文本，在舞台中添加TextInput组件，并设置组件属性，如图12-70所示。

图12-69　输入脚本　　　　　　　　　　　图12-70　添加TextInput组件

08 选择文本工具输入文本，在舞台中添加两个RadioButton组件，并分别在"属性"面板中设置其参数，如图12-71所示。

图12-71　添加RadioButton组件并设置参数

09 选择文本工具输入文本，在舞台中添加两个ComboBox组件，如图12-72所示。

10 选择一个组件，在"属性"面板中设置参数，然后单击data后的编辑按钮，如图12-73所示。

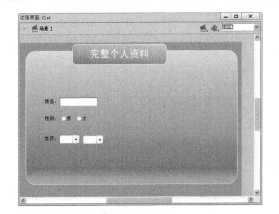

图12-72　添加ComboBox组件　　　　　　　　图12-73　设置参数

⑪ 在弹出的对话框中添加12个值，如图12-74所示。

⑫ 用同样的方法，编辑labels中的值，如图12-75所示。

图12-74　添加值

图12-75　编辑labels中的值

⑬ 在舞台中添加6个CheckBox组件，分别设置实例名称，并在"组件参数"选项栏中修改label值，如图12-76所示。

⑭ 在舞台中添加一个Button组件，并在"属性"面板中设置参数，如图12-77所示。

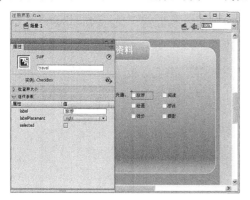

图12-76　添加CheckBox组件

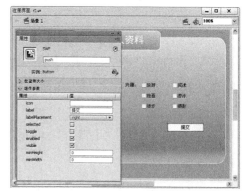

图12-77　添加Button组件

⑮ 在第2帧处，打开"动作"面板，输入脚本，如图12-78所示。

⑯ 在第3帧处插入空白关键帧。至此，网站注册界面制作完成，按Ctrl+Enter组合键测试影片，如图12-79所示。

图12-78　输入脚本

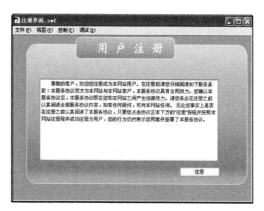

图12-79　测试影片

12.5 本章小结

　　Flash提供了一些简单的交互元件来简化交互式动画的制作，如按钮（Button）、单选按钮（RadioButton）、复选框（ChecxBox）、列表框（List）、下拉列表（ComboBox）、滚动窗口（ScrollPane）等，这些交互元件组合起来就形成了Flash组件。在Flash组件中，最常用的是User Interface组件。

- 在文档中添加组件，只需在"组件"面板中将所需组件拖至舞台或"库"面板即可，如不需要使用，删除组件可以减小Flash文档的大小。
- 组件的种类很多，每种组件的使用方法都不一样。使用Media组件可以创建媒体播放器，播放FLV和MP3媒体文件；User Interface组件主要用于创建具有交互功能的用户界面程序；使用Video组件可以创建各种样式的视频播放器。

12.6 课后习题

1. 选择题

（1）制作窗口滚动条可以使用什么组件？（　　）

　　A．Label　　　　　　B．List　　　　　　C．UIScrollBar　　D．Window

（2）什么组件必须用于至少有两个该组件实例的组？（　　）

　　A．RadioButton　　　B．CheckBox　　　　C．Label　　　　　D．Button

2. 填空题

（1）Flash的组件分为＿＿＿＿＿＿组件＿＿＿＿＿＿组件、＿＿＿＿＿＿组件3类。

（2）＿＿＿＿＿＿组件可以制作Loading进度条。

3. 判断题

（1）ComboBox组件可在Flash影片中添加单选按钮。（　　）

（2）使用RadioButton组件，用户只能在一组选项中选择一项。（　　）

4. 上机操作题

（1）根据本章所学组件，制作日历，如图12-80所示。

（2）使用NumericStepper组件制作星座查询，如图12-81所示。

图12-80　日历

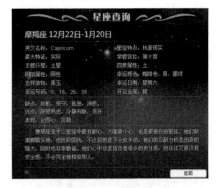

图12-81　星座查询

第 13 章
应用视频和声音

要使Flash动画更加完善、更加吸引观众，只有漂亮的画面、精彩的情节是不够的。在Flash中应用视频和声音可以使动画内容更加完整，有助于主题的表现。

学习要点

- 掌握添加声音的方法
- 掌握编辑声音的方法
- 掌握添加视频的方法

13.1 添加声音文件

在Flash中，为动画添加声音，除了起到辅助说明的作用外，还可以为画面烘托气氛，使内容更加丰富多彩。

▶ 13.1.1 导入外部声音

Flash动画中的声音，是通过导入外部声音文件而得到的。Flash CS6提供了多种使用声音的方式，可以使声音独立于时间轴连续播放，也可以使用时间轴将动画与音轨保持同步。

用户可以将外部声音文件导入到Flash的"库"面板中，然后再从"库"面板拖入文档中使用该声音。导入声音文件的操作与导入位图的操作一样。

执行"文件"|"导入"|"导入到库"命令，在打开的"导入到库"对话框中选择一个声音文件，如图13-1所示，单击"打开"按钮即可导入选中的声音文件。

在"库"面板中选中一个声音文件，在预览窗口中就可以看到声音的波形，如图13-2所示。

图13-1 "导入到库"对话框

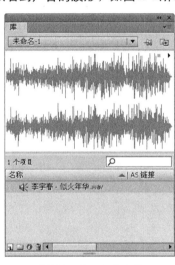

图13-2 导入声音文件

> 🔍 提 示
>
> Flash CS6可以直接导入的声音格式文件有WAV、MP3、AIFF等，支持Midi格式的声音文件映射到Flash中。

▶ 13.1.2 为按钮添加声音

按钮是元件的一种，要为按钮元件添加声音，首先要进入元件编辑窗口，然后在任意空白关键帧上添加声音，它将对应于要添加声音的按钮状态。

新建空白文档，制作按钮，然后新建图层，如图13-3所示。

新建图层在默认情况下只有在弹起状态是空白关键帧。如果要在其他状态帧上添加声音，则需要添加关键帧。例如，要为按下状态添加声音，选中按下状态帧，单击鼠标右键，执行"插入关键帧"命令，如图13-4所示，为按下状态添加关键帧。

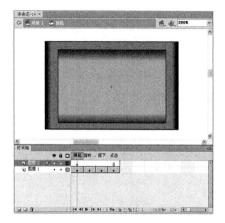

图13-3 绘制按钮

图13-4 执行"插入关键帧"命令

选中图层2上按下状态的关键帧，如图13-5所示，然后从"库"面板中选择声音文件，如图13-6红线框内所示，并将其拖入到舞台中，即可为按钮添加声音。

图13-5 选中关键帧

图13-6 选择声音文件

13.1.3 为视频添加声音

在Flash中制作完动画之后，需要为影片添加声音。下面将介绍为Flash动画视频加入声音的操作步骤。

01 新建一个文档，在文档中制作一个简单动画，如图13-7所示，然后将图层命名为"动画"。

02 新建一个图层，并将图层命名为"音频"，如图13-8所示。

图13-7 制作动画视频

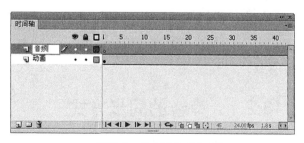

图13-8 新建图层"音频"

[03] 执行"文件"|"导入"|"导入到库"命令，打开"导入到库"对话框，在该对话框中选择需要的声音文件，如图13-9所示，然后单击"打开"按钮即可导入声音文件到"库"面板中，如图3-10所示。

[04] 在时间轴上选择需要加入声音的帧，然后在"库"面板中选择需要添加的声音文件，并将其拖入到舞台中，即可为动画添加声音。此时，时间轴的状态如图13-11所示。

[05] 选中插入声音文件的帧，在"属性"面板中设置声音的同步方式为"数据流"和"循环"，如图13-12所示。

图13-9 "导入到库"对话框

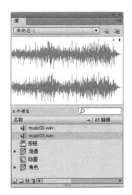

图13-10 导入的声音文件

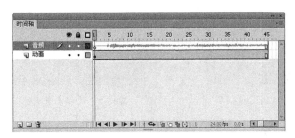

图13-11 时间轴

图13-12 设置同步方式

[06] 按Ctrl+Enter组合键即可预览添加声音的动画效果。

> 🔍 **提 示**
>
> 可以将多个声音文件放置在一个图层中，也可以将声音文件与其他对象放置在一个图层中。但是为了便于管理，建议将声音文件单独放在一个图层。当播放动画时，所有图层中的声音都将被播放。

13.2 编辑声音

Flash还可以对导入声音的同步、播放次数、效果、导出品质等参数进行编辑，达到动画制作需要的效果。

▶ 13.2.1 声音的同步方式

在"属性"面板的"同步"区域中，可以为当前所选的声音进行播放同步方式的设置，对声音在输出影片中的播放进行控制。同步方式包括事件、开始、停止和数据流，如图13-13所示。

图13-13　同步方式

- 事件：不论在何种环境下，事先选择的声音将与事件同步。在声音所在的关键帧开始显示时播放，并独立于时间轴中帧的播放状态，即使影片停止，也将继续播放，直至整个声音播放完毕。
- 开始：和"事件"相似，只是如果目前还有其他声音正在播放，则会自动取消将要进行的该声音的播放；如果此时没有其他声音播放，该声音才会开始播放。
- 停止：时间轴播放到该帧后，停止该关键帧中指定的正在播放的声音。
- 数据流：这种类型通常用于网络传播。选择该同步方式后，Flash将强制动画与音频流保持同步播放。如果动画帧播放得比声音慢，则会跳过这些帧继续播放，并随影片的停止而停止。

13.2.2　声音的重复

在"属性"面板的"同步"区域中不仅可以设置声音的同步方式，还可以设置声音的重复类型，如图13-14所示。

- 重复：设置该关键帧上的声音重复播放和重复播放的次数，如图13-15所示。
- 循环：使该关键帧上的声音一直不停地循环播放。

图13-14　重复类型

图13-15　重复次数

13.2.3　声音编辑器

声音编辑器即声音编辑封套，可以对声音效果进行编辑，例如为声音设置淡入淡出、突然降低等效果。

选择时间轴上已经添加了声音的帧，在"属性"面板中单击"效果"下拉列表右侧的编辑声音封套按钮，如图13-16红线框内所示，即可打开"编辑封套"对话框，如图13-17所示。

1. 设置声音的效果

选择时间轴上已经添加了声音的帧，在"属性"面板的"效果"下拉列表中可以为声音设置效果，如图13-18所示。

图13-16 编辑声音封套按钮

图13-17 "编辑封套"对话框

图13-18 声音效果

- 无：不设置声音效果。
- 左声道：只播放左声道的声音。
- 右声道：只播放右声道的声音。
- 向右淡出：控制声音从左声道向右声道渐变过渡地播放。
- 向左淡出：控制声音从右声道向左声道渐变过渡地播放。
- 淡入：在声音的持续时间内由低到高地播放。
- 淡出：在声音的持续时间内由高到低地播放。
- 自定义：选择该选项后，将弹出"编辑封套"对话框，允许用户对声音进行手动调整。

2. 编辑封套

"编辑封套"对话框中的"效果"下拉列表中的选项设置，与"属性"面板中的"效果"下拉列表中的选项设置一样，如图13-19所示。它们的操作是相关联的，当修改"属性"面板中的效果时，"编辑封套"对话框中也会发生相应的改变，反之亦然。

"编辑封套"对话框分为上下两个波形编辑区，如图13-20所示。上方代表左声道波形编辑区，下方代表右声道波形编辑区。在两个波形编辑区中各有一条左侧带有方形控制柄的直线，用来调节音量的大小。单击波形编辑区中的任意一点，可以增加方形控制柄，通过拖动控制柄来调节声音，如图13-21所示。

图13-19 在"编辑封套"对话框中设置声音效果

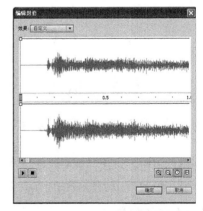
图13-20 波形编辑区

在"编辑封套"对话框的下方有几个按钮，如图13-22红线框内所示。这些按钮的用法介绍如下。

- 播放声音按钮▶：单击此按钮，播放"编辑封套"对话框中的声音文件。
- 停止声音按钮■：单击此按钮，停止当前播放的声音文件。
- 放大按钮◉：单击此按钮，放大波形编辑区中的波形图，显示得更加清晰。
- 缩小按钮◉：单击此按钮，缩小波形编辑区中的波形图，显示更长时间内的声音波形。
- 时间模式按钮◉：单击此按钮，编辑区内的时间轴将以时间模式显示，以秒为单位。
- 帧模式按钮▣：单击此按钮，编辑区内的时间轴将以帧模式显示，以帧为单位。

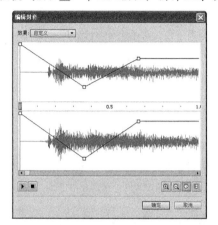

图13-21　控制柄

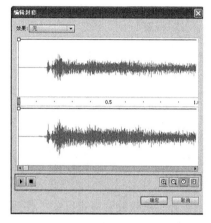

图13-22　设置工具

▶ 13.2.4　行为控制声音播放

在Flash中还可以通过"行为"面板来控制声音的播放，行为是预先编写的ActionScript脚本，可以将它们应用于对象。

执行"窗口"|"行为"命令，即可打开"行为"面板，如图13-23所示。在"行为"面板中单击添加行为按钮⊕，在弹出的下拉菜单中选择"声音"命令，打开下一级子菜单，如图13-24所示。在子菜单中的选项都可以用于控制声音，根据需要进行设置，即可为对象添加行为。

图13-23　"行为"面板

图13-24　子菜单

首先通过使用"从库加载声音"或"加载MP3流文件"行为，将声音文件添加到文档中，并创建声音的实例，实例名称将用于控制声音；然后再使用"播放声音"、"停止声音"和"停止所有声音"行为来控制声音播放。

ActionScript 3.0不支持此功能，如果要使用此功能，需要使用ActionScript 2.0，可以在文档"属性"面板中打开"发布"选项栏，如图13-25所示，然后在"脚本"下拉列表中选择"ActionScript 2.0"选项，如图13-26所示。

图13-25 文档"属性"面板

图13-26 更改脚本版本

实例：按钮控制声音播放

源 文 件：	源文件\第13章\按钮控制声音播放.fla
视频文件：	视频\第13章\13-2按钮控制声音播放.avi

本实例将介绍按钮控制声音播放，使用两个按钮来控制声音的播放和暂停，如图13-27所示。

01 新建文档，执行"窗口"|"公用库"|"Buttons"命令，在公用库中选择需要的按钮拖至舞台，如图13-28所示。

02 分别将两个按钮的实例名称设置为"playM"和"stopM"，如图13-29所示。

图13-27 按钮控制声音播放

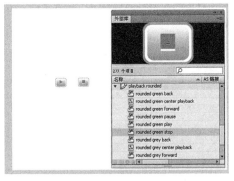

图13-28 将按钮拖入舞台

图13-29 设置按钮实例名称

03 新建图层"背景"并将其放置在最下方，制作背景，调整按钮大小及位置，如图13-30所示。

04 新建图层"动作"，选中第1帧，单击鼠标右键，执行"动作"命令，在弹开的"动作"面板中输入脚本，如图13-31所示。

05 将文档命名为"按钮控制声音播放"保存。至此，按钮控制声音播放制作完成，按Ctrl+Enter组合键测试影片，最终效果如图13-32所示。

图13-30　制作背景

图13-31　输入脚本

图13-32　最终效果

13.2.5　声音的压缩

当声音较长时，生成的动画文件就会很大。这时候需要压缩声音，并获得较小的动画文件，便于网上发布。在"声音属性"对话框中可以设置声音的压缩模式。

在"库"面板中选择声音文件，单击鼠标右键，执行"属性"命令，如图13-33所示，即可打开"声音属性"对话框，在"压缩"下拉列表中可以选择声音的压缩模式，如图13-34所示。

图13-33　执行"属性"命令

图13-34　"声音属性"对话框

1. 默认

Flash默认的声音压缩模式是全局压缩设置。

2. ADPCM

用于设置16位声音数据的压缩，适用于对较短事件声音进行压缩。此项包括3项设置，如图13-35红线框内所示。

- 预处理：将混合立体声转换为单声道，单声道的声音不受此选项的影响。
- 采样率：用于控制声音的保真度和文件大小。该下拉列表有4个选项，如图13-36所示。
  - 5kHz：最低的可接受标准，能够达到人说话的声音。
  - 11 kHz：标准CD比率的1/4，是最低的建议声音品质。

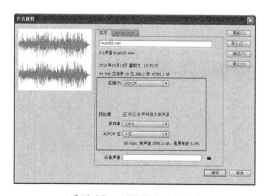

图13-35　ADPCM压缩设置

■ 22 kHz：适用于网页回放。

■ 44 kHz：标准的CD音频比率。

- ADPCM位：决定在ADPCM编码
中使用的位数，该下拉列表中也
有4个选项，如图13-37所示，据此
可以调整文件大小。

图13-36 采样率　　　　　　图13-37 ADPCM位

3. MP3

该选项可以使文件以较小的比特率、较大的压缩比率达到近乎完美的CD音质。此选项也包括3项设置，如图13-38红线框内所示。

- 预处理：将混合立体声转换为单声道，单声道的声音不受此选项的影响。
- 比特率：用来设置MP3音频的最大传输速率。比特率的范围为8~160kbps，如图13-39所示。
- 品质：可以将品质设置为快速、中、最佳，如图13-40所示。

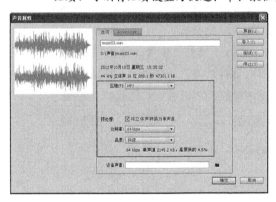

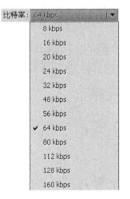

图13-38 MP3压缩设置　　　图13-39 比特率　　　图13-40 品质

4. Raw（原始）

Raw压缩即元素压缩，选择该选项，"声音属性"对话框只能设置"预处理"和"采样率"选项，如图13-41红线框内所示。

5. 语音

该选项可以使用一个特别适合于语音的压缩方式来导出声音。选择该选项时，"声音属性"对话框将出现与其相关的选项，如图13-42红线框内所示。

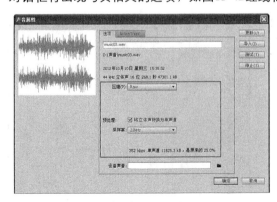

图13-41 Raw压缩设置　　　　　　　　图13-42 语音压缩设置

实例：制作MP3播放器

源 文 件：	源文件\第13章\MP3播放器.fla
视频文件：	视频\第13章\13-2MP3播放器.avi

本实例设计的是一款简单的迷你MP3播放器，单击开始和暂停按钮，可以实现声音的播放和停止，拖动滑块可以调节声音的大小，如图13-43所示。

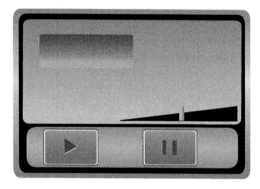

图13-43　MP3播放器

01 新建文档，新建图形元件"形状01"，在元件编辑窗口中绘制图形，如图13-44所示。

02 新建按钮元件"开始"，在第3帧处插入关键帧，在按钮元件编辑窗口中绘制图形，如图13-45所示。

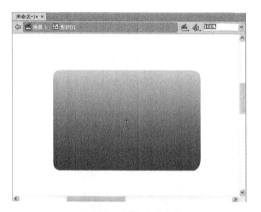

图13-44　绘制图形元件

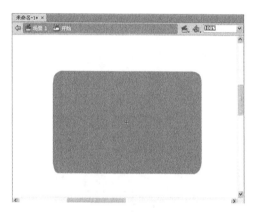

图13-45　绘制按钮

03 新建图层2，复制图层1第3帧的图形粘贴至图层2，适当缩小并修改其颜色，如图13-46所示，在第4帧处插入帧。

04 新建图层3，绘制图形，如图13-47所示。在第3帧处插入关键帧，更改图形的颜色。

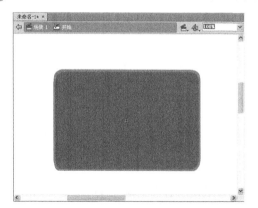

图13-46　修改图形大小及颜色

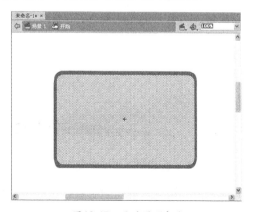

图13-47　更改图形颜色

05 新建图层4，绘制图形，如图13-48所示。在第2帧处插入关键帧，更改图形颜色。在第3帧处

插入空白关键帧，拖入元件"形状01"并适当调整其大小，如图13-49所示。

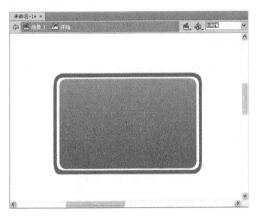

图13-48　绘制图形

图13-49　拖入图形元件

06 新建图层5和图层6，依次绘制白色和红色图形，如图13-50所示。至此，按钮"开始"绘制完成。

07 复制按钮"开始"，将其重命名为"暂停"，并修改其中的图形，如图13-51所示。

图13-50　按钮"开始"

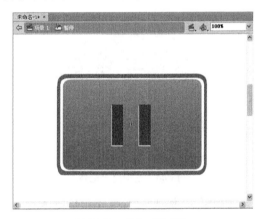

图13-51　按钮"暂停"

08 新建影片剪辑"音量变化范围"，绘制图形，如图13-52所示。

09 新建影片剪辑"音量指示器"，绘制图形，如图13-53所示。

图13-52　音量变化范围

图13-53　音量指示器

10 新建影片剪辑"音量控制器"，将音量变化范围和音量指示器拖至舞台合适位置，如图13-54所示。

11 选择"音量指示器"，在"动作"面板中输入脚本，如图13-55所示。

图13-54　音量控制器　　　　　　　　图13-55　"音量指示器"动作脚本

12 在声音素材上单击鼠标右键，执行"属性"命令，在弹出的"声音属性"对话框中设置标识符为"mymusic"，如图13-56所示。

13 返回舞台，将元件拖入舞台，组合播放器，如图13-57所示。

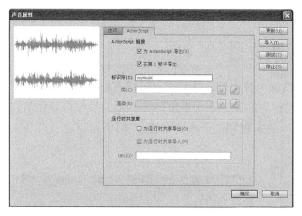

图13-56　设置声音标识符　　　　　　　　图13-57　组合播放器

14 打开"动作"面板，为按钮"开始"输入脚本，如图13-58所示；为按钮"暂停"输入脚本，如图13-59所示。

15 将文档命名为"MP3播放器"保存，按Ctrl+Enter组合键测试影片，最终效果如图13-60所示。

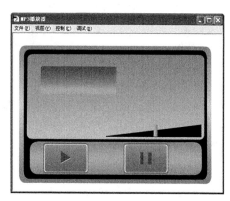

图13-58　按钮"开始"动作脚本　　　图13-59　按钮"暂停"动作脚本　　　　　图13-60　最终效果

13.3 导入视频文件

Flash CS6可以从其他应用程序中将视频剪辑导入到库中，应用在Flash文档中。

13.3.1 可导入的视频格式

在Flash CS6中并不是所有的视频格式都能导入到库中。如果用户的操作系统安装了QuickTime 4以上版本或者Direct 7以上版本，则可以导入各种文件格式的视频剪辑，包括AVI（音频视频交叉文件）、MPG/MPEG（运动图像专家组文件）和MOV（QuickTime影片）。

- QuickTime影片文件：扩展名为*.mov。
- Windows视频文件：扩展名为*.avi。
- MPG/MPEG影片文件：扩展名为*.mpg、*.mpeg。
- 数字视频文件：扩展名为*.dvi。
- Windows Media文件：扩展名为*.asf、*.wmv。
- Flash视频文件：扩展名为*.fla。

13.3.2 在Flash中导入视频文件

将视频导入到Flash中，称为嵌入视频，也称内嵌视频。用户可以将导入后的视频与主场景中的帧频同步，也可以调整视频与主场景的时间轴的比率。导入视频到Flash中的操作步骤如下。

01 新建一个文档，执行"文件"|"导入"|"导入视频"命令，如图13-61所示，打开"导入视频"对话框，如图13-62所示。

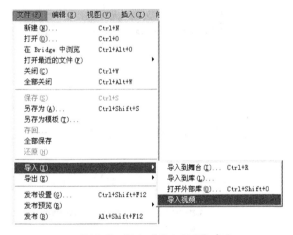

图13-61 执行"导入视频"命令

图13-62 "导入视频"对话框

02 单击对话框中的"浏览"按钮，在弹出的"打开"对话框中选择要导入的视频文件，如图13-63所示，然后单击"打开"按钮。

03 单击"导入视频"对话框中的"下一步"按钮，进入"设定外观"界面，在"外观"下拉列表中选择一种播放控件的外观模式，如图13-64所示。

04 单击"下一步"按钮，进入"完成视频导入"界面，如图13-65所示，然后单击"完成"按钮，即可将视频导入到舞台中，如图13-66所示。

图13-63　选择视频文件

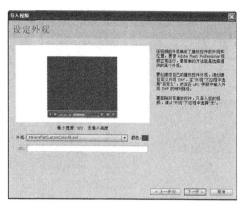

图13-64　"设定外观"界面

图13-65　"完成视频导入"界面

图13-66　视频导入到舞台中

实例：制作视频播放器

源　文　件：	源文件\第13章\视频播放器.fla
视频文件：	视频\第13章\13-3视频播放器.avi

　　本实例设计的是一款简单的视频播放器，单击开始和暂停按钮，可以实现视频的播放和停止，如图13-67所示。

[01] 新建空白文档，把视频导入到库中，视频被导入后会自动生成所需要的帧，如图13-68所示。

[02] 使用选择工具选中视频，单击鼠标右键，执行"转换为元件"命令，如图13-69所示，将视频转换为影片剪辑"mc_Movie"。

[03] 新建影片剪辑"Movie_Player"，将图片拖入舞台，然后将图片转换为图形元件"Base"，如图13-70所示。

[04] 新建图层2，将元件放入影片剪辑"Movie_Player"中，如图13-71红线框所示。

图13-67　视频播放器

图13-68　导入的视频

图13-69　执行"转换为元件"命令

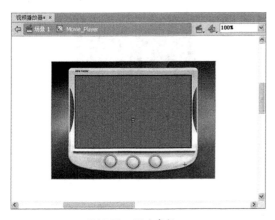

图13-70　图片素材

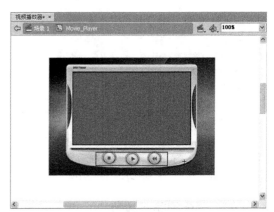

图13-71　按钮

05 新建图层3，将影片剪辑"mc_Movie"放入"Movie_Player"中，如图13-72所示。

06 新建图层"动作"，在"动作"面板中输入脚本，如图13-73所示。

图13-72　放入视频

图13-73　输入脚本

07 返回舞台，将影片剪辑"Movie_Player"拖入舞台中，如图13-74所示。

08 将文档命名为"视频播放器"保存，如图13-75所示。

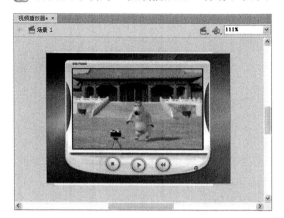

图13-74 将影片剪辑拖入舞台

图13-75 保存文档

09 至此，视频播放器制作完成，按Ctrl+Enter组合键测试影片，最终效果如图13-76所示。

图13-76 最终效果

13.4 拓展练习——制作背景音乐

源 文 件:	源文件\第13章\背景音乐.fla
视频文件:	视频\第13章\13-4背景音乐.avi

本节将运用前面所学的知识制作背景音乐，效果如图13-77所示。

01 新建文档，导入外部素材到库，如图13-78所示。

02 将所有的图片都转换为图形元件，如图13-79所示。

03 新建影片剪辑"图片"，将元件拖入编辑窗口中，在第50帧和第51帧处分别插入关键帧和空白关键帧，如图13-80所示。

图13-77 背景音乐

图13-78　导入图片

图13-79　转换为图形元件

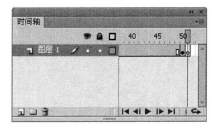

图13-80　插入关键帧和空白关键帧

04 选择第1帧的元件"s01"，在"属性"面板中设置其透明度为50%，如图13-81所示，然后在第1帧至第50帧之间添加补间。

05 在图层1的第53帧处插入关键帧，放置元件，然后在第103帧和第104帧处分别插入关键帧和空白关键帧，如图13-82所示。

图13-81　设置透明度

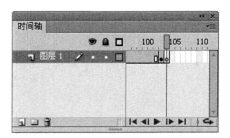

图13-82　插入关键帧和空白关键帧

06 选择第53帧的元件"s02"，在"属性"面板中设置其透明度为50%，如图13-83所示，然后在第53帧至第103帧之间添加补间。

07 按照上面的方法，依次插入元件，制作影片剪辑"图片"。

08 执行"插入"|"新建元件"命令，新建影片剪辑"声音"，进入元件编辑窗口，从"库"面板中拖入声音文件，并在第1235帧处插入普通帧，如图13-84所示。

图13-83　设置透明度

图13-84　插入普通帧

09 返回舞台，将影片剪辑"图片"拖入舞台，如图13-85所示。

10 新建图层2，将影片剪辑"声音"放在图层2上。

11 将文档命名为"背景音乐"保存，按Ctrl+Enter组合键测试影片，最终效果如图13-86所示。

图13-85　将影片剪辑拖入舞台

图13-86　最终效果

13.5　本章小结

　　声音是多媒体作品中不可或缺的一种媒介手段。在动画设计中，为了追求丰富、具有感染力的动画效果，恰当地使用声音是十分必要的。优美的背景音乐、动感的按钮音效以及适当的旁白可以更贴切地表达作品的深层次内涵，使影片意境的表现更加充分。

- 执行"文件"|"导入"|"导入到库"命令，在打开的"导入到库"对话框中选择一个声音文件，单击"打开"按钮即可导入选中的声音文件。
- Flash可以对导入的声音的同步、播放次数、效果、导出品质等参数进行编辑，达到动画制作需要的效果。
- 视频导入到Flash中，称为嵌入视频，也称内嵌视频。用户可以将导入后的视频与主场景中的帧频同步，也可以调整视频与主场景的时间轴的比率。

13.6　课后习题

1. 填空题

（1）导入的视频文件将存放于_____面板中。

（2）Flash CS6提供的声音压缩选项有默认、_____、_____、_____和语音。

（3）Flash CS6中声音的同步方式有_____、_____、_____和_____。

2. 上机操作题

（1）分别在Flash CS6中导入一段音频与一段视频。

（2）在Flash CS6中导入一段音频，并将其设置为循环播放。

第 **14** 章
测试与发布Flash动画

当动画制作完成后，用户可以测试与发布Flash动画。对动画进行测试后，可以对其进行修改、优化等操作。当测试没有问题后，则可以发布影片。

学习要点

- Flash动画的测试
- 优化影片
- 发布影片
- 导出Flash动画

14.1 Falsh动画的测试

在Flash中，通过测试影片，可以将影片完整地播放一次，通过直观地观看影片的效果，来检测动画是否达到了设计的要求。

14.1.1 测试影片

执行"控制"|"测试影片"|"测试"命令或按下Ctrl+Enter组合键，如图14-1所示，即可打开Flash Player播放器播放动画，对影片进行测试，如图14-2所示。

图14-1 执行"测试"命令

图14-2 测试影片

14.1.2 测试场景

在制作动画时，用户可能会创建多个场景，或是在一个场景中创建多个影片剪辑动画效果。如果要对当前的场景或元件进行测试，可以执行"测试场景"命令。

执行"控制"|"测试场景"命令或按下Ctrl+Alt+Enter组合键，如图14-3所示，即可打开Flash Player播放器播放场景动画，对场景进行测试。

图14-3 执行"测试场景"命令

14.2 优化影片

使用Flash制作的影片多用于网页，这就牵涉到浏览速度的问题，文档的大小会影响动画的下载时间和播放速度。要让速度快起来必须对作品进行优化，也就是在不影响观赏效果的前提下，减少影片的大小。作为发布过程中的一部分，Flash会自动对影片执行一些优化。例如，它可以在影片输出时检查重复使用的形状，并且在文件中将它们放置在一起，与此同时把嵌套组合转换为单个组合。此外，需要用户对影片进行其他的优化。

1. 动画的优化

制作影片时, 可使用以下操作来减小动画的大小。

- 相同的动画效果, 补间动画比逐帧动画所占的空间要小。关键帧使用得越多, 动画文件也就越大。因此, 在制作动画时应尽量使用补间动画, 少用逐帧动画。
- 在影片中多处出现的动画元素或对象, 应将其转换为元件。重复使用元件并不会使影片文件增大。
- 导入的位图图像文件尽量小一点, 避免使用位图制作动画, 位图多用于制作背景和静态元素。
- 尽量使关键帧中发生变化的动作区域缩小。
- 尽可能地使用数据量小的声音格式, 如MP3、WAV等。

2. 文本的优化

对于文本的优化, 可以使用以下操作。

- 在同一个影片中, 使用的字体尽量少, 字号尽量小。
- 尽量不要将文本打散, 文本打散后就会变成图形, 会增加动画的大小。
- 嵌入字体会增加影片的大小, 因此要尽量少用。
- 对于"嵌入字体"选项, 只需选中需要的字符, 不要包括所有字体。

3. 颜色的优化

对于颜色的优化, 可以使用以下操作。

- 制作动画过程中, 不同实例仅发生颜色变化时, 可使用同一元件, 而对相应的实例进行颜色设置。
- 尽量减少Alpha的使用, 因为它会增加影片的大小。
- 尽量少使用渐变效果, 在单位区域内使用渐变色比使用纯色多需要50个字节。

14.3 发布影片

为了Flash动画的推广与传播, 还需要将制作的Flash动画文件进行发布。

▶ 14.3.1 发布设置

在发布动画之前, 执行"文件"|"发布设置"命令, 如图14-4所示, 即可打开"发布设置"对话框, 如图14-5所示。

在"发布设置"对话框中可以对动画发布格式等进行设置, 还能将动画发布为其他的图形元件和视频文件格式。

下面介绍各选项的具体含义。

- 目标: 用于选择发布的Flash动画版本, 可以照顾那些使用较老版本Flash软件的用户。
- 脚本: 用于选择ActionScript的版本, 在下拉列表中有3个脚本选项。
- JPEG品质: 用于将动画中的位图保存为一定压缩率的JPEG文件, 拖动滑块可以改变图形的压缩率。如果所导出的动画中不含位图, 则该项设置无效。
- 启用JEPG解块: 选中该复选框后, 可以使高度压缩的JPEG图像显得更为平滑。
- 音频流: 在音频流的数据中单击鼠标, 弹出"声音设置"对话框, 如图14-6所示, 在其中可以设定导出的流式音频的压缩格式、位比率和品质等。
- 音频事件: 用于设定导出的事件音频的压缩格式、位比率和品质等。

图14-4　执行"发布设置"命令　　　图14-5　"发布设置"对话框　　　图14-6　"声音设置"对话框

- 导出设备声音：导出适合于移动设备等非原始库的声音。
- 压缩影片：可以减小文件大小和缩短下载时间。
- 包括隐藏图层：选中该复选框后，导出的影片中包含隐藏图层中的动画。
- 包括XMP元数据：导出输入的所有元数据。
- 生成大小报告：创建一个文本文件，记录下最终导出动画文件的大小。
- 省略trace语句：使Flash忽略当前SWF文件中的ActionScript trace语句。
- 允许调试：允许对动画进行调试。
- 防止导入：用于防止发布的动画文件被他人下载到Flash程序中进行编辑。
- 密码：当选中"防止导入"或"允许调试"复选框后，可在"密码"文本框中输入密码。
- 本地播放安全性：可以选择要使用的Flash安全模板，包括"只访问本地文件"和"访问网络"两个选项。
- 硬件加速：可以设置SWF文件使用硬件加速，其默认设置为无。

单击"HTML包装器"标签，进入该选项卡，可以对HTML进行相应设置，如图14-7所示。如图14-8所示为发布后的HTML图像效果。

图14-7　设置HTML　　　　　　　　图14-8　发布效果

下面介绍各选项的具体含义。

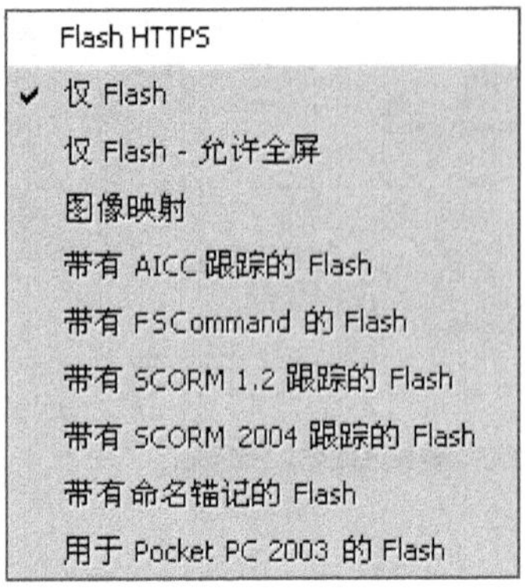

- 模板：可以显示HTML设置并选择要使用的模板，如图14-9所示。默认为"仅Flash"选项。
- 大小：用于设置动画的宽度和高度值。在下拉列表中包括"匹配影片"、"像素"和"百分比"3个选项。
  - 匹配影片：将发布的动画大小设置为动画的实际尺寸大小。
  - 像素：用于设置影片的实际宽度和高度，选择该项后可分别设置宽度和高度的具体像素值。
  - 百分比：用于设置动画相对于浏览窗口的百分比，选择该项后可分别设置宽度和高度的百分比。

图14-9 "模板"下拉列表

- 开始时暂停：用于使动画一开始处于暂停状态，只有当用户单击动画中的"播放"按钮或从快捷菜单中执行"Play"命令后，动画才开始播放。
- 循环：选中该复选框后，动画会反复地循环播放。
- 显示菜单：选中该复选框后，用户单击鼠标右键时弹出的快捷菜单中的命令有效。
- 设备字体：用反锯齿系统字体取代用户系统中未安装的字体。
- 品质：用于设置动画的品质。
- 窗口模式：用于设置安装有Flash ActiveX的IE浏览器，可利用IE的透明显示、绝对定位及分层功能。在下拉列表中包括"窗口"、"不透明无窗口"和"透明无窗口"3个选项。
  - 窗口：在网页窗口中播放Flash动画。
  - 不透明无窗口：可使Flash动画后面的元素移动，但不会在穿过动画时显示出来。
  - 透明无窗口：使嵌有Flash动画的HTML页面背景从所有透明的地方显示出来。
- 缩放：在更改了文档的原始宽度和高度的情况下，将内容放置在指定边界内。
- HTML对齐：用于设置动画窗口在浏览器窗口中的位置，主要有默认、左、右、顶部及底部几个选项。
- Flash水平对齐：用于定义动画在窗口中的水平位置。
- Flash垂直对齐：用于定义动画在窗口中的垂直位置。

▶ 14.3.2 发布预览

对动画的发布格式进行设置后，还需要对动画格式进行预览，具体操作步骤如下。

[01] 执行"文件"|"发布预览"命令，在弹出的子菜单中选择一种文件类型，如图14-10所示。

[02] 输出文件到指定的浏览器上进行预览，同时Flash在相同目录中创建该类型的文件。

图14-10 "发布预览"子菜单

14.3.3 发布Flash动画

在Flash CS6中，发布动画的方法有以下几种。

- 按下Alt+Shift+F12组合键。
- 执行"文件"|"发布"命令。
- 执行"文件"|"发布设置"命令，弹出"发布设置"对话框，在发布设置完成后，单击"发布"按钮，即可完成动画的发布。

> **提 示**
>
> 在对发布进行设置后可以先不发布，以后执行"文件"|"发布"命令，将会按照预先的设置发布动画。

14.4 导出Flash动画

将Flash影片内容以特定的格式导出，可以将Flash内容应用到其他应用程序中。

14.4.1 导出图像文件

执行"文件"|"导出"|"导出图像"命令，如图14-11所示，在弹出的"导出图像"对话框中，选择不同的保存类型，如图14-12所示，可以将当前帧内容或当前所选图像导出为静止图像格式，也可以导出为单帧的SWF格式动画。

图14-11 执行"导出图像"命令

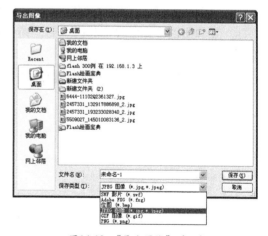

图14-12 "导出图像"对话框

下面对各选项进行简单介绍。

- Adobe FXG（*.fxg）：是基于MXML子集的一种图形文件格式。
- 位图（*.bmp）：该格式是一个跨平台的图像格式，采用Microsoft技术创建。但是这种格式不支持Alpha通道。
- JPEG图像（*.jpg，*.jpeg）：创建要在其他应用程序中使用的位图图像，为所有格式中压缩率最高的格式。
- GIF图像（*.gif）：可以导出GIF图像并应用到其他程序中。
- PNG（*.png）：PNG格式的图像具有保真性、透明性、文件小等特性，使用广泛。

14.4.2 导出影片文件

执行"文件"|"导出"|"导出影片"命令，如图14-13所示，在弹出的"导出影片"对话框中输入影片的名称，并在"保存类型"下拉列表中选择要保存的类型，如图14-14所示。

图14-13 执行"导出影片"命令   图14-14 "导出影片"对话框

Flash中的影片将导出为序列文件，而图像则导出为单个文件。下面将介绍一些比较常见的文件类型。

- SWF影片（*.swf）：Flash影片用Flash自带的播放程序Flash Player进行播放，可以在最大程度上保持图像的质量和体积。
- Windows AVI（*.avi）：该格式是标准的Windows影片格式。

在"导出影片"对话框中选择"Windows AVI（*.avi）"选项，单击"保存"按钮，如图14-15所示，在弹出的"导出 Windows AVI"对话框中，设置AVI文件的尺寸大小、视频格式等，如图14-16所示。

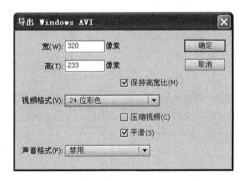

图14-15 选择"Windows AVI（*.avi）"选项   图14-16 "导出Windows AVI"对话框

- 尺寸：指导出的AVI影片大小，以像素为单位。如果选中"保持高宽比"复选框，则可以确保所设置的尺寸大小等比例缩小或放大。
- 视频格式：某些应用程序不支持Windows 32位图像格式，在使用此格式时将会出现问题，一般使用24位格式。
- 压缩视频：选中该复选框，可以压缩视频。
- 平滑：对导出的AVI影片应用消除锯齿效果。
- 声音格式：设置音轨的采样比率、大小等格式。采样比率越小，导出的文件就越小，但是可能会影响声音品质。

- QuickTime（*.mov）：苹果公司制定的一种动画格式，选择导出QuickTime格式后，单击"保存"按钮，将会弹出"QuickTime Export设置"对话框，如图14-17所示。

在该对话框中可以设置的参数介绍如下。

- 呈现宽度：设置影片的宽度。默认为原Flash文档宽度。
- 呈现高度：设置影片的高度。默认为原Flash文档高度。
- 忽略舞台颜色：对舞台背景颜色进行忽略，而生成透明的Alpha通道。
- 停止导出：设置导出影片的时间范围。有两个单选按钮：到达最后一帧时和经过此时间后。"到达最后一帧时"单选按钮可将整个Flash文档导出为影片文件；"经过此时间后"单选按钮可设置要导出的Flash文档的持续时间，格式为：小时、分、秒、毫秒。
- 存储临时数据：可以存储临时生成的数据。
- QuickTime设置：单击"QuickTime设置"按钮，弹出"影片设置"对话框，如图14-18所示。通常默认的设置提供了最佳的回放性能。

图14-17 "QuickTime Export设置"对话框

图14-18 "影片设置"对话框

- GIF动画（*.gif）：导出GIF动画文件。
- WAV音频（*.wav）：WAV音频是广泛应用的音频格式。
- JPEG序列（*.jpg，*.jpeg）：将每帧的动画以JPEG图像序列导出。

实例：导出GIF动画格式

源 文 件：	源文件\第14章\导出GIF动画格式.fla
视频文件：	视频\第14章\14-4导出GIF动画格式.avi

本实例将介绍GIF动画格式的保存步骤，实例效果如图14-19所示。

图14-19 GIF动画

01 启动Flash CS6，执行"文件"|"打开"命令，打开制作的逐帧动画，如图14-20所示。

02 执行"文件"|"导出"|"导出影片"命令，在弹出的"导出影片"对话框中选择保存类型为"GIF动画（*.gif）"，如图14-21所示。

03 单击"保存"按钮，在弹出的"导出GIF"对话框中单击"确定"按钮即可，如图14-22所示。

图14-20　逐帧动画

04 在源文件的同等级文件下自动生成，可以找到路径，查看保存好的GIF文件。

图14-21　保存文件

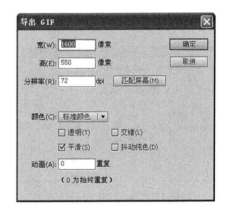

图14-22　单击"确定"按钮

14.5　拓展练习——发布网页动画

源 文 件:	源文件\第14章\发布网页动画.fla
视频文件:	视频\第14章\14-5发布网页动画.avi

　　本节将结合前面所学内容，将动画发布为网页，效果如图14-23所示。

01 使用Flash CS6，打开一个准备发布为网页的动画源文件，如图14-24所示。

图14-23　网页动画

图14-24　打开动画文件

02 执行"文件"|"发布设置"命令，弹出"发布设置"对话框，单击"HTML包装器"标签，设置各项参数，如图14-25所示。

03 参数设置完成后，单击"发布"按钮，在发布后的源文件文件夹中选择HTML文件，双击鼠标左键即可打开文件，如图14-26所示。

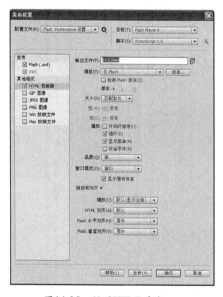

图14-25　设置HTML参数

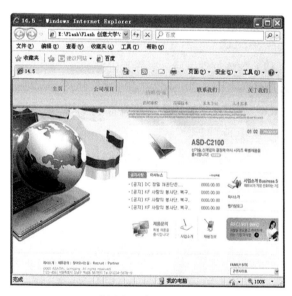

图14-26　打开网页文件

14.6　本章小结

　　由于Flash优越的流媒体技术可以使影片一边下载一边播放，在网站上展示的作品就可以一边下载一边进行播放，但是当作品很大的时候，便会出现停顿或卡帧现象。为了使浏览者可以顺利地观看影片，影片的优化和测试是必不可少的。

　　• 执行"控制"|"测试影片"|"测试"命令或按下Ctrl+Enter组合键，即可打开Flash Player播

放器播放动画，对影片进行测试。执行"控制"|"测试场景"命令或按下Ctrl+Alt+Enter组合键，即可打开Flash Player播放器播放场景动画，对场景进行测试。

- 使用Flash制作的影片多用于网页，这就牵涉到浏览速度的问题，文档的大小会影响动画的下载时间和播放速度。要让速度快起来必须对作品进行优化。
- 在Flash CS6中，发布动画的方法有以下几种。按下Alt+Shift+F12组合键；执行"文件"|"发布"命令；执行"文件"|"发布设置"命令，弹出"发布设置"对话框，在发布设置完成后，单击"发布"按钮即可完成动画的发布。
- 执行"文件"|"导出"|"导出影片"命令，在弹出的"导出影片"对话框中输入影片的名称，并在"保存类型"下拉列表中选择要保存的类型即可导出影片。

14.7 课后习题

1. 选择题

（1）使用什么组合键可以测试影片？（　　　）

    A. Ctrl+Enter   B. Ctrl+ Shift

    C. Shift+Ctrl   D. Enter+Ctrl

（2）为了照顾使用Flash老版本的用户，在"发布设置"对话框中可以对什么进行设置？（　　　）

    A. 目标   B. 脚本

    C. 品质   D. 高级

2. 填空题

（1）制作好动画后，对影片进行＿＿＿＿＿＿与＿＿＿＿＿＿后再进行发布，可使影片的播放更加顺畅。

（2）测试单个场景或影片剪辑元件内的动画可以使用＿＿＿＿＿＿组合键。

3. 判断题

（1）使用逐帧动画比使用补间动画所占的空间大。（　　　）

（2）重复使用元件会使文档空间增大。（　　　）

4. 上机操作题

（1）按照本章所述方法，将一个动画文件输出为HTML格式的文件。

（2）将动画导出为JPEG序列格式。

第15章
综合案例

本章结合前面所学知识，将其融会贯通，制作网页广告与片头、网页导航、游戏、贺卡及课件问卷等。

15.1 网页广告与片头制作

本节通过两个案例来学习网页广告与片头的制作。

▶ 15.1.1 游戏宣传广告

源 文 件:	源文件\第15章\游戏宣传广告.fla
视频文件:	视频\第15章\15-1游戏宣传广告.avi

本案例制作的是游戏宣传广告，案例效果如图15-1所示。

图15-1　游戏宣传广告

01 新建空白文档，设置文档尺寸大小为1004像素×371像素。执行"文件"|"导入"|"导入到库"命令，将需要的素材图片导入到"库"面板中，如图15-2所示。

02 分别将素材图片转换为图形元件。返回场景1，将"背景"图形元件拖入舞台中，在第100帧处插入关键帧，将元件向下移动。选择第1帧处的元件，在"属性"面板中设置Alpha为0，如图15-3所示。

图15-2　执行"导入到库"命令

图15-3　设置Alpha值

03 在第1帧与第100帧之间创建传统补间动画。在第200帧处插入关键帧，将元件向左移动，在帧与帧之间创建传统补间动画。在第225帧处插入帧，如图15-4所示。

04 执行"插入"|"新建元件"命令，新建"人物动"影片剪辑元件，将"人物"图形元件拖入

舞台中，如图15-5所示。

05 在第30帧和第60帧处插入关键帧。选择第30帧处的元件，将其向上移动。在帧与帧之间创建传统补间动画。

06 返回场景1，新建图层2，并将其重命名为"人物"。在第100帧处插入关键帧，将"人物动"影片剪辑元件拖入舞台右侧。在第210帧插入关键帧，将元件向左移动至舞台中央，如图15-6所示。在帧与帧之间创建传统补间动画。

图15-4　背景动画效果

图15-5　添加元件

图15-6　调整元件位置

07 新建"仙鹤飞"影片剪辑元件，将"仙鹤"图形元件拖入舞台中，如图15-7所示。

08 返回场景1，新建图层，在第50帧处插入关键帧，将"仙鹤飞"影片剪辑元件拖入舞台中，在"属性"面板中设置色彩效果为"色调"，颜色为白色，如图15-8所示。

图15-7　"仙鹤飞"影片剪辑元件

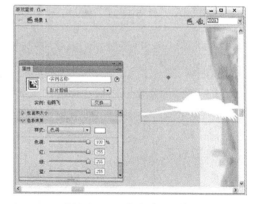

图15-8　设置色彩效果和颜色

09 在第225帧处插入关键帧，将元件向右移动，在帧与帧之间创建传统补间动画。

10 新建图层，用同样的方法，将"仙鹤飞"影片剪辑元件拖入舞台中并制作动画效果，如图15-9所示。

⓫ 新建"云飘"影片剪辑元件，将"云"图形元件拖入舞台中，制作动画效果，如图15-10所示。

图15-9　制作仙鹤飞动画

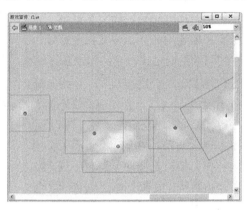

图15-10　制作云飘动画

⓬ 新建图层，将"云飘"影片剪辑元件拖入舞台，制作云雾动画效果。

⓭ 用同样的方法，制作花瓣飞舞的动画效果。

⓮ 新建图层，在第225帧处插入关键帧，打开"动作"面板，输入脚本"stop();　"，保存并测试影片，如图15-11所示。

图15-11　测试影片

15.1.2　房地产网站片头

源 文 件:	源文件\第15章\房地产网站片头.fla
视频文件:	视频\第15章\15-1房地产网站片头.avi

本案例制作的是房地产网站片头，案例效果如图15-12所示。

图15-12　房地产网站片头

01 新建空白文档，将需要的素材导入到"库"面板中。

02 新建"祥云"图形元件，在舞台中绘制图形，如图15-13所示。

03 选择"库"面板中的"祥云"图形元件，单击鼠标右键，执行"直接复制"命令，如图15-14所示，得到"祥云2"图形元件，在舞台中水平翻转图形。

图15-13　绘制图形

图15-14　执行"直接复制"命令

04 新建"动画"影片剪辑元件，将素材图片拖至舞台中，单击鼠标右键，执行"转换为元件"命令，将其转换为"元件1"图形元件。在舞台中选择元件，设置Alpha值为0，在第10帧处插入关键帧，调整元件的位置，如图15-15所示。在"属性"面板中设置色彩效果为"无"。在两帧之间创建传统补间动画。

05 在第35帧处插入关键帧，向左移动元件，在两帧之间创建传统补间动画。

06 新建图层2，在第35帧处插入关键帧，选择文本工具，输入文本，如图15-16所示。

图15-15　制作元件动画

图15-16　输入文本

07 选择文本，单击鼠标右键，执行"转换为元件"命令，将其转换为"文字1"图形元件。选择元件，制作元件淡入淡出动画的效果。

08 用同样的方法，制作其他文字淡入淡出动画的效果，如图15-17所示。

09 新建图层7，在第115帧处插入关键帧，将素材拖入舞台中，如图15-18所示。将其转换为"元件2"图形元件，制作元件淡入动画的效果。

图15-17　制作文字动画

图15-18　添加素材

🔟 新建图层，选择文本工具，输入文本，如图15-19所示。

⑪ 用相同的操作方法，制作文本的动画效果。至此，房地产网站片头制作完成，保存并测试影片，如图15-20所示。

图15-19　输入文本

图15-20　测试影片

15.2 网页导航制作

本节通过经典导航和娱乐导航来学习网页导航的制作。

▶ 15.2.1　经典导航

源　文　件：	源文件\第15章\经典导航.fla
视频文件：	视频\第15章\15-2经典导航.avi

本案例制作的是网页经典导航栏，案例效果如图15-21所示。

⑴ 新建空白文档，将背景素材导入到舞台中，并调整到舞台大小，如图15-22所示。

⑵ 新建图层2，绘制一个半透明的矩形条，如图15-23所示。

⑶ 新建"菜单"影片剪辑元件，使用文本工具在舞台中输入文本。在第2帧至第5帧处分别插入关键帧，并修改其中的文本，如图15-24所示。

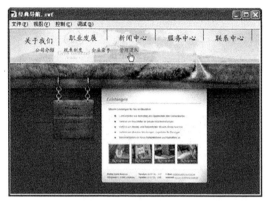

关于我们
职业发展
新闻中心
服务中心
联系中心

图15-21　经典导航

Gerd Buntzel

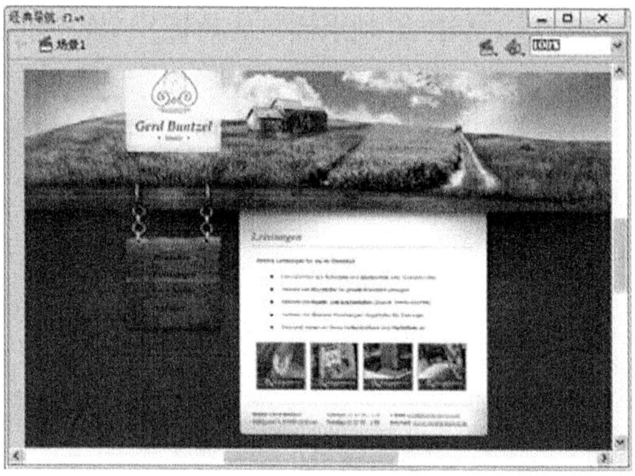

图15-22　导入素材

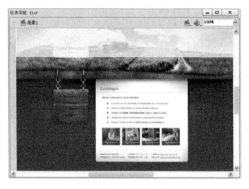

图15-23　绘制矩形

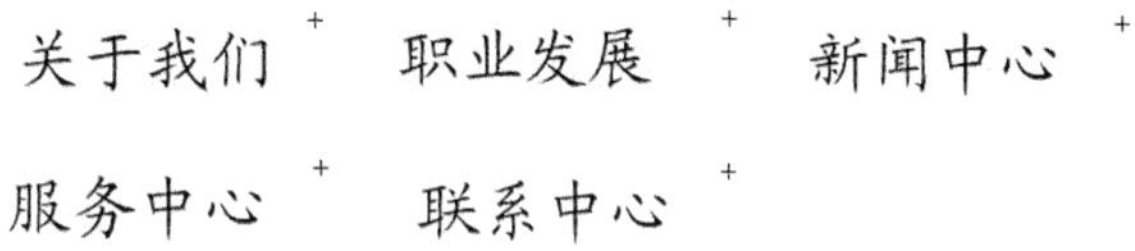

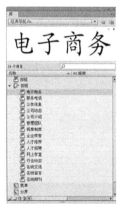

关于我们
职业发展
新闻中心
服务中心
联系中心

图15-24　输入文本

04 新建“分界”影片剪辑元件，在舞台中绘制一段直线。

05 新建多个按钮元件，选择文本工具，输入相应的文本，如图15-25所示。

06 新建“关于我们”影片剪辑元件，将“背景”按钮元件拖入舞台中，设置案例名称为“bg”。新建图层，在第3帧处插入空白关键帧，将“公司介绍”按钮元件拖入舞台中，设置元件Alpha值为0，如图15-26所示。在第10帧处插入关键帧，将元件向下移动，并设置色彩效果为“无”。在帧与帧之间创建传统补间动画。

电子商务

图15-25　新建按钮元件

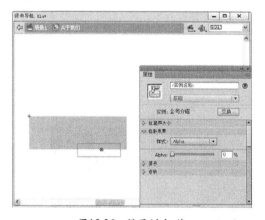

图15-26　设置Alpha值

07 用同样的方法，新建其他图层，并将相应的按钮元件拖入舞台中，制作动画效果，如图15-27所示。

08 新建图层6，绘制矩形条。将图层6拖至顶层，并设置该图层为遮罩层，图层2至图层5为被遮罩层，如图15-28所示。

图15-27 制作动画效果

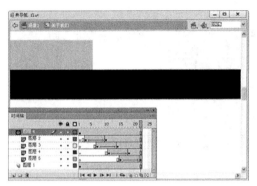

图15-28 设置遮罩层

09 新建图层7和图层8，分别将"菜单"影片剪辑元件和"分界"影片剪辑元件拖入舞台中，并制作向下移动的动画，如图15-29所示。

10 用同样的方法，制作其他影片剪辑元件，如图15-30所示。

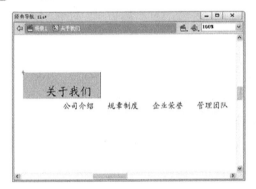

图15-29 添加元件并制作效果

图15-30 "库"面板

11 返回场景1，新建图层3，将影片剪辑元件拖入舞台中，并设置案例名称为"1"到"5"，如图15-31所示。

12 新建图层，在第1帧处单击鼠标右键，执行"动作"命令，在弹出的"动作"面板中输入脚本，如图15-32所示。

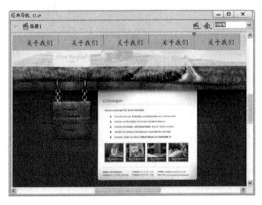

图15-31 添加元件

图15-32 输入脚本

13 至此，经典导航制作完成，保存并测试影片。

▶ 15.2.2 娱乐导航

源 文 件：	源文件\第15章\娱乐导航.fla
视频文件：	视频\第15章\15-2娱乐导航.avi

本案例制作的是娱乐导航，案例效果如图15-33所示。

图15-33　娱乐导航

01 新建空白文档，执行"文件"|"导入"|"导入到库"命令，将素材导入到"库"面板中。将背景素材拖入到舞台中，并调整到舞台大小，如图15-34所示。

02 新建图层2，绘制一个半透明的矩形条，如图15-35所示。

图15-34　导入素材

图15-35　绘制矩形

03 执行"插入"|"新建元件"命令，新建"点击"按钮元件。使用矩形工具在舞台中绘制一个白色矩形。在第4帧处插入帧。新建图层2，在第2帧处插入关键帧，在舞台中绘制红色矩形，如图15-36所示。

04 新建图层3，在舞台中绘制一个图形，并将其转换为"阴影"图形元件，如图15-37所示。

05 新建"首页"影片剪辑元件，将"点击"按钮元件拖入舞台中，在舞台中输入文本，如图15-38所示。

06 选择按钮元件，打开"动作"面板，输入脚本，如图15-39所示。

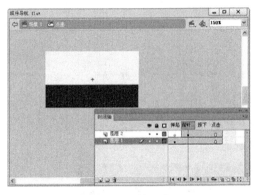

图15-36　绘制矩形

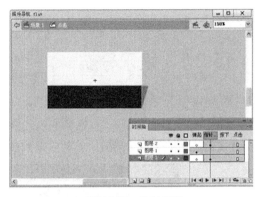

图15-37　绘制阴影

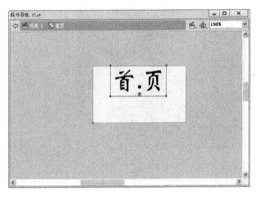

图15-38　输入文本

图15-39　输入脚本

07 新建"菜单1"影片剪辑元件，将"首页"影片剪辑元件拖入舞台中，打开"动作"面板，输入脚本，如图15-40所示。

08 用同样的方法，新建其他元件。

09 新建"菜单栏"影片剪辑元件，将各菜单影片剪辑元件拖入舞台中，如图15-41所示。

图15-40　输入脚本

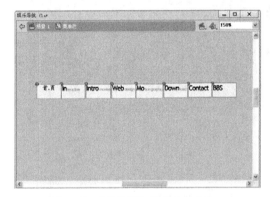

图15-41　"菜单栏"影片剪辑元件

10 选择"菜单1"影片剪辑元件，在"动作"面板中输入脚本，如图15-42所示。

11 返回场景1，新建图层3，将"菜单栏"影片剪辑元件拖入舞台中，如图15-43所示。

12 选择元件案例，在"动作"面板中输入脚本，如图15-44所示。

13 新建图层4，在第1帧输入脚本"stop();"。至此，娱乐导航制作完成，保存并测试影片，如图15-45所示。

图15-42 输入脚本

图15-43 场景舞台

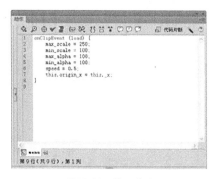

图15-44 输入脚本

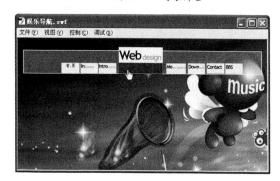

图15-45 测试影片

15.3 游戏制作

本节通过拼图游戏和射击游戏来学习制作Flash小游戏。

▶ 15.3.1 拼图游戏

源 文 件:	源文件\第15章\拼图游戏.fla
视频文件:	视频\第15章\15-3拼图游戏.avi

本案例制作的是拼图游戏，案例效果如图15-46
所示。

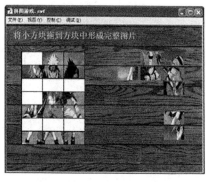

01 启动Flash CS6，新建一个空白文档，将相应的
素材导入到"库"面板中。

02 将图片素材拖入到舞台，按Ctrl+B组合键将其打
散。使用矩形工具和线条工具绘制多个矩形方
格，如图15-47所示。

03 选择部分图像并放置到合适的位置，如图15-48
所示。

图15-46 拼图游戏

04 按F8键将其转换为"pic1"影片剪辑元件，进入
元件编辑状态，选择舞台中的图形，将其转换为"btn1"按钮元件。

05 返回"pic1"影片剪辑元件，在"btn1"按钮元件上添加脚本，如图15-49所示。

06 在第5帧处插入关键帧，删除脚本。新建图层2，在第2帧和第4帧处插入空白关键帧，分别输入脚本，如图15-50所示。

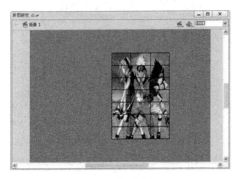

图15-47　绘制方格

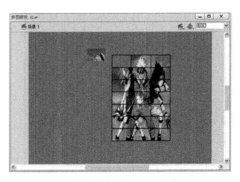

图15-48　选择图像

图15-49　输入脚本

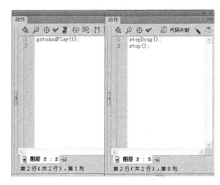

图15-50　输入脚本

07 返回场景1，用同样的方法，将图片的其他部分转换为元件。

08 在舞台中双击线条，将其全部选中并调整其位置，打乱所有元件的位置，如图15-51所示。

09 分别设置各元件案例的案例名称为"part1"至"part21"，然后分别为案例添加脚本，如图15-52所示。

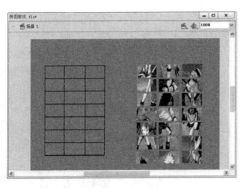

图15-51　舞台显示

图15-52　part13案例脚本

10 新建图层，选择矩形工具绘制一个白色矩形，将其转换为"元件1"影片剪辑元件，并设置案例名称为"kuang1"，如图15-53所示。

11 按Ctrl+D组合键复制多个案例到合适的位置，并分别修改案例名称为"kuang2"至"kuang21"，如图15-54所示。

图15-53　绘制元件

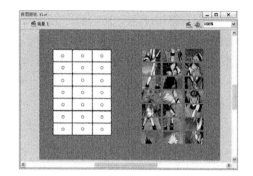

图15-54　舞台显示

12　新建图层，选择文本工具，在舞台中输入文本，如图15-55所示。

13　新建图层，并将其移动至最底层，将背景素材拖入舞台中，如图15-56所示。

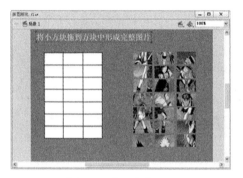

图15-55　输入文本

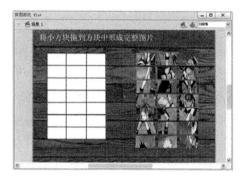

图15-56　添加素材

14　至此，拼图游戏制作完成，按Ctrl+Enter组合键进行影片测试。

▶ 15.3.2　射击游戏

源 文 件：	源文件\第15章\射击游戏.fla
视频文件：	视频\第15章\15-3射击游戏.avi

本案例制作的是射击游戏，案例效果如图15-57所示。

01　启动Flash CS6，新建一个空白文档。新建"开场"影片剪辑元件，在舞台中绘制图形并输入文字，如图15-58所示。

图15-57　射击游戏

图15-58　绘制图形并输入文字

02 全选图形，按Ctrl+G组合键将图形组合，按F8键将其转化为"star"按钮元件。按F9键打开"动作"面板，输入脚本，如图15-59所示。

03 新建"爆"图形元件，选择多角星形工具，在舞台中绘制图形，如图15-60所示。

04 新建"爆炸"影片剪辑元件，在"库"面板中设置AS链接为"mExp"。将"爆"图形元件拖入舞台中，在第3帧处插入关键帧，设置Alpha值为40。在帧与帧之间创建补间动画。

05 新建图层2，将声音素材拖入舞台中，在"属性"面板中设置参数，如图15-61所示。

图15-59　输入脚本

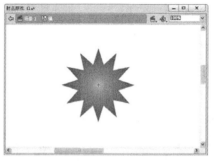

图15-60　绘制图形

图15-61　设置参数

06 新建图层3，在第1帧、第2帧和第10帧处，分别输入脚本，如图15-62所示。

图15-62　输入脚本

07 新建"瞄准"影片剪辑元件，设置AS链接为"mP"，在舞台中绘制图形，如图15-63所示。

08 新建"飞机"影片剪辑元件，在舞台中绘制飞机图形，如图15-64所示。

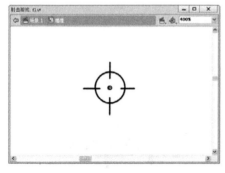

图15-63　绘制图形

图15-64　绘制飞机图形

09 按F8键将其转换为"机"按钮元件，打开"动作"面板，输入脚本，如图15-65所示。

10 新建"飞行1"影片剪辑元件，设置AS链接为"mPlane1"。将"飞机"影片剪辑元件拖至舞台中，在第120帧插入关键帧。选择第1帧的元件，在"属性"面板中设置案例名称为"airplane"。

⑪ 选择图层1，单击鼠标右键，执行"添加传统运动引导层"命令，选择钢笔工具绘制曲线，如图15-66所示。

图15-65　输入脚本

图15-66　绘制曲线

⑫ 选择图层1，将其重命名为"飞机"图层，在第120帧处，将舞台中的飞机移动到曲线的另一端，在第1帧和120帧之间创建传统补间动画。

⑬ 新建"Actions"图层，在第1帧处，按F9键打开"动作"面板，输入脚本，如图15-67所示。

⑭ 在"Actions"图层的第120帧处插入空白关键帧，并在"动作"面板中输入脚本，如图15-68所示。

图15-67　输入脚本

图15-68　输入脚本

⑮ 运用同样的操作方法，新建"飞行2"、"飞行3"影片剪辑元件，分别设置AS链接为"mPlane2"和"mPlane3"。

⑯ 返回到场景中，将图层1更名为"背景"，将素材导入到舞台中，如图15-69所示。在第50帧处插入普通帧。

⑰ 新建"文字"图层，将"start"按钮元件拖入到舞台，如图15-70所示。在第2帧处插入空白关键帧。

⑱ 新建"标题"图层，选择文本工具输入文字，如图15-71所示。

⑲ 新建"射击点"图层，在第1帧处，将"瞄准"影片剪辑元件拖入到舞台，打开"动作"面板输入脚本，如图15-72所示。设置案例名称为"pointer"。

⑳ 新建图层，输入相应的脚本。至此，射击游戏制作完成，保存并测试影片。

图15-69　导入素材

图15-70　导入元件

图15-71　输入文本

图15-72　舞台显示

15.4　贺卡制作

Flash的贺卡制作并不难。本节将通过生日贺卡和祝福贺卡学习贺卡的制作。

▶ 15.4.1　生日贺卡

源　文　件:	源文件\第15章\生日贺卡.fla
视频文件:	视频\第15章\15-4生日贺卡.avi

本案例制作的是生日贺卡，案例效果如图15-73所示。

01 新建"蛋糕"影片剪辑元件，在舞台中绘制图形，如图15-74所示。

图15-73　生日贺卡

图15-74　绘制图形

02 新建"光晕"图形元件，在舞台中绘制图形，如图15-75所示。

03 新建"烛火"图形元件，在舞台中绘制图形，如图15-76所示。

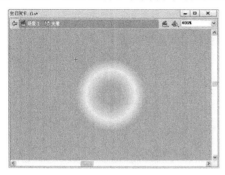

图15-75　绘制图形

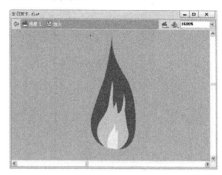

图15-76　绘制图形

04 新建"星光"图形元件，绘制星光。新建"组合"影片剪辑元件，将各元件拖入舞台中，制作闪光的效果，如图15-77所示。

05 进入"蛋糕"影片剪辑元件，新建图层，将"组合"影片剪辑元件拖入舞台中，使用文本工具，输入文本，如图15-78所示。

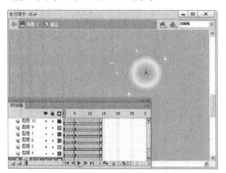

图15-77　"组合"影片剪辑元件

图15-78　输入文本

06 返回场景1，将背景素材导入到舞台中，如图15-79所示。在第145帧处插入帧。

07 新建图层，单击鼠标右键，执行"遮罩层"命令。在舞台中绘制椭圆，如图15-80所示。在第20帧处插入关键帧。

图15-79　导入素材

图15-80　绘制椭圆

08 在第38帧处插入空白关键帧，绘制矩形。在第20帧与第38帧之间创建传统补间动画，如图15-81所示。

09 新建图层，在舞台中输入文本，并将其转换为"元件1"影片剪辑元件。进入元件编辑区域，

选择文本，按Ctrl+B组合键将文本分离。选择文本，单击鼠标右键，执行"分散到图层"命令，制作文本动画，如图15-82所示。

图15-81　舞台动画

图15-82　制作文本动画

🔟 返回场景1，在第38帧处插入关键帧，将"蛋糕"影片剪辑元件拖入舞台中，设置Alpha为0。在第85帧处插入关键帧，设置色彩效果为"无"，向右上方移动元件，如图15-83所示。在两帧之间创建传统补间动画。

⑪ 新建图层，在第145帧处插入空白关键帧，单击鼠标右键，执行"动作"命令，在弹出的"动作"面板中输入脚本"stop();"。至此，生日贺卡制作完成，保存并测试影片，如图15-84所示。

图15-83　舞台显示

图15-84　测试影片

▶ 15.4.2　祝福贺卡

源 文 件:	源文件\第15章\祝福贺卡.fla
视频文件:	视频\第15章\15-4祝福贺卡.avi

本案例制作的是祝福贺卡，案例效果如图15-85所示。

①1 新建空白文档，将素材导入到"库"面板中。在"库"面板中选择背景素材，将其拖入到舞台中，如图15-86所示。

①2 选择素材，单击鼠标右键，执行"转换为元件"命令，将其转换为"背景"图形元件。在第55帧处插入关键帧，调整元件的位置。在第13帧处插入帧。

①3 新建"船"图形元件，在舞台中绘制图形，如图15-87所示。

图15-85　祝福贺卡

图15-86　添加素材

图15-87　绘制图形

04 新建"小船"影片剪辑元件，将"船"图形元件拖入舞台中。新建图层，在舞台中绘制图形，如图15-88所示，并将其转换为"阴影"图形元件。

05 返回场景1，新建图层2，将"小船"影片剪辑元件拖入舞台中，如图15-89所示。

图15-88　绘制图形

图15-89　舞台显示

06 新建"柳枝"图形元件，在舞台中绘制图形，如图15-90所示。

07 新建其他元件，绘制柳枝。新建"柳枝动"影片剪辑元件，将"库"面板中的图形元件拖入舞台中，制作动画，如图15-91所示。

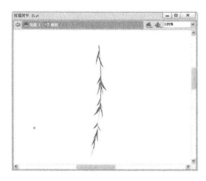

图15-90　绘制图形

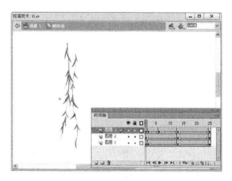

图15-91　制作动画

08 返回场景1，将"柳枝动"影片剪辑元件拖入舞台中，如图15-92所示。

09 新建图层，在舞台中输入文本，并将其转换为图形元件，制作淡入动画效果，如图15-93所示。

10 新建图层，在舞台中绘制黑色边框，如图15-94所示。

11 新建"黑幕"图形元件，在舞台中绘制黑色矩形。返回场景1，新建图层，将其拖入舞台中，制作淡入淡出动画的效果。

12 用同样的方法，制作下一幕动画的效果，如图15-95所示。

13 至此，祝福贺卡制作完成，保存并测试影片。

图15-92 添加元件

图15-93 制作文本动画

图15-94 绘制黑色边框

图15-95 制作动画

15.5 课件问卷制作

本节将通过选择题课件和填空题课件来学习制作课件问卷。

▶ 15.5.1 选择题课件

源 文 件：	源文件\第15章\选择题课件.fla
视频文件：	视频\第15章\15-5选择题课件.avi

本案例制作的是数学选择题课件，案例效果如图15-96所示。

01 新建Flash 空白文档，新建"元件1"影片剪辑元件，在第1帧处输入脚本"stop();"。在第2帧和第3帧处分别插入空白关键帧，并绘制图形，如图15-97所示。

02 新建"元件2"影片剪辑元件，在第1帧处输入脚本"stop();"。在第2帧和第3帧处分别插入空白关键帧，使用文本工具分别输入A、B、C、D。

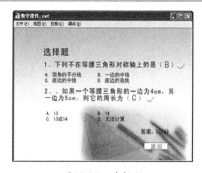

图15-96 选择题

03 新建"元件3"按钮元件，设置笔触颜色为红色，填充颜色为白色，绘制矩形。新建"元件4"按钮元件，选择基本矩形工具绘制圆角矩形，如图15-98所示。

图15-97　绘制图形

图15-98　新建按钮元件

04 返回场景1，将背景素材导入到舞台中，并调整到舞台大小，如图15-99所示。

05 新建图层2，选择文本工具，输入文本，如图15-100所示。

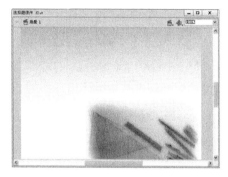

图15-99　导入素材

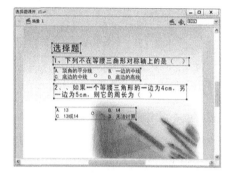

图15-100　输入文本

06 新建图层，将"元件2"影片剪辑元件拖入到舞台中，并在"属性"面板中设置案例名称，如图15-101所示。

07 将"元件4"按钮元件拖入舞台中多次，打开"动作"面板，输入脚本，如图15-102所示。

08 将"元件3"按钮元件拖入舞台中，并输入文本。打开"动作"面板，输入脚本，如图15-103所示。

09 在第2帧处输入文本"返回"，打开"动作"面板，输入脚本，如图15-104所示。

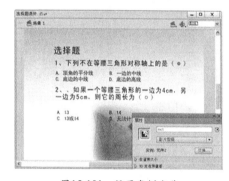

图15-101　设置案例名称

10 将"元件1"影片剪辑元件拖入舞台中，在"属性"面板中设置案例名称，如图15-105所示。

11 在第1帧处输入脚本"stop"。至此，选择题课件制作完成，保存并测试影片。

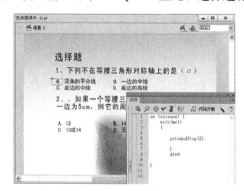

图15-102　输入脚本

图15-103　添加脚本

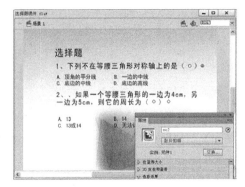

图15-104　添加脚本　　　　　　　　　图15-105　设置案例名称

15.5.2　填空题课件

源 文 件:	源文件\第15章\填空题课件.fla
视频文件:	视频\第15章\15-5填空题课件.avi

本案例制作的是语文填空题课件，案例效果如图15-106所示。

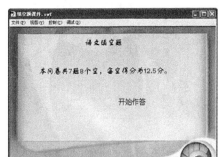

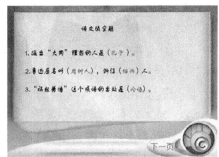

图15-106　语文填空题

01 新建一个空白文档，将素材图片导入到舞台中并调整到舞台大小，如图15-107所示。

02 新建图层2，在第2帧处插入空白关键帧，使用文本工具输入文本，如图15-108所示。

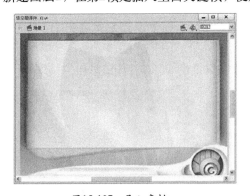

图15-107　导入素材　　　　　　　　图15-108　输入文本

03 新建图层3，在第2帧处插入空白关键帧，选择文本工具输入文本，如图15-109所示。

04 在第3帧处插入空白关键帧，选择文本工具输入文本，如图15-110所示。

05 在第4帧处插入空白关键帧，选择文本工具输入文本，如图15-111所示。

06 新建图层4，在第2帧处插入空白关键帧，选择文本工具绘制文本框，分别设置案例名称为
　　"sr1_txt"、"sr2_txt"、"sr3_txt"、"sr4_txt"，如图15-112所示。

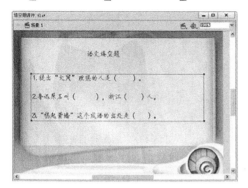

图15-109　输入文本

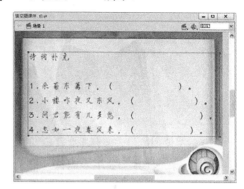

图15-110　输入文本

图15-111　输入文本

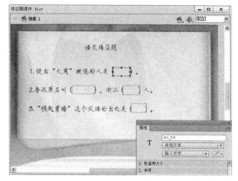

图15-112　绘制文本框

07 在第3帧处插入空白关键帧，选择文本工具绘制文本框，分别设置案例名称为"sr1_txt"至
　　"sr4_txt"，如图15-113所示。

08 在第4帧处插入空白关键帧，使用文本工具绘制文本框，在"属性"面板中分别设置案例名称
　　为"ti_txt"、"fen_txt"、"guli_txt"，如图15-114所示。

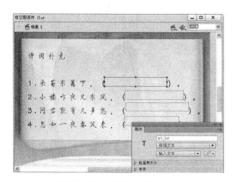

图15-113　绘制文本框

图15-114　绘制文本框

09 新建图层5，选择文本工具输入文本。新建名称为"按钮"的按钮元件，绘制透明椭圆。返回
　　场景1，将按钮元件拖至舞台中，并在"动作"面板中输入脚本，如图15-115所示。

10 在第2帧处插入空白关键帧，选择文本工具输入文本。将按钮元件拖至舞台中，如图15-116
　　所示。

图15-115 添加按钮元件

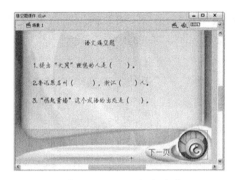

图15-116 添加按钮元件

⓫ 选择按钮元件，打开"动作"面板，输入脚本，如图15-117所示。

⓬ 在第2帧处插入空白关键帧，选择文本工具输入文本。将按钮元件拖至舞台中，选择按钮元件，打开"动作"面板，输入脚本，如图15-118所示。

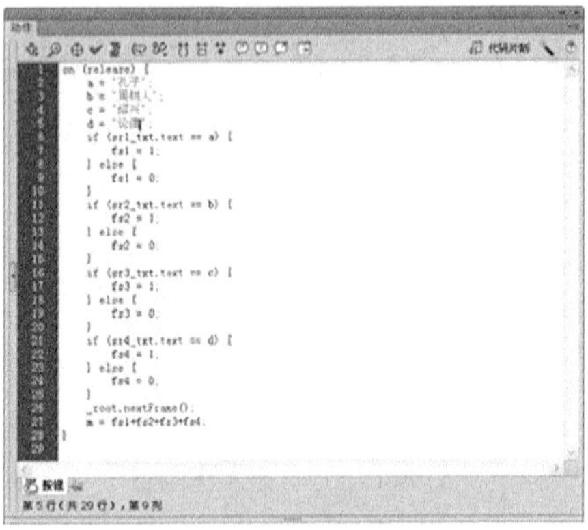

图15-117 输入脚本

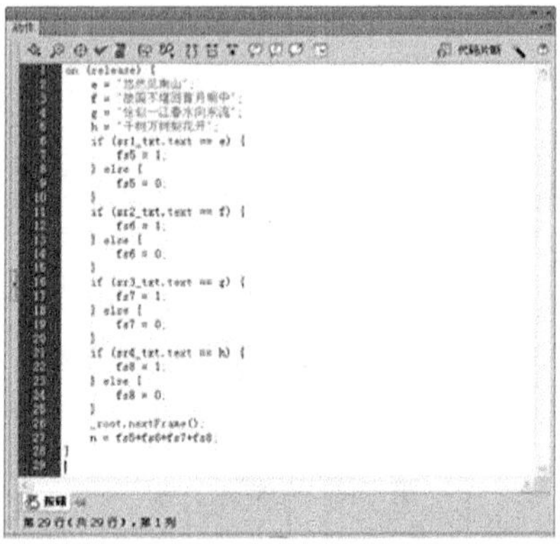

图15-118 输入脚本

⓭ 在第3帧处插入空白关键帧，将按钮元件拖至舞台中，选择按钮元件，打开"动作"面板，输入脚本，如图15-119所示。

⓮ 新建图层，在第1帧至第3帧处插入空白关键帧，打开"动作"面板，输入脚本"stop();"。在第4帧处插入关键帧，在"动作"面板中输入脚本，如图15-120所示。

图15-119 输入脚本

图15-120 输入脚本

⓯ 至此，填空题课件制作完成，保存并测试影片。

习题答案

第1章

1.填空题

（1）不再显示

（2）舞台和场景

（3）菜单栏

（4）"视图"|"网格"|"编辑网格"

2.判断题

（1）×　　（2）√

3.上机操作题

（略）

第2章

1.选择题

（1）A　　（2）A　　（3）C

2.填空题

（1）标准绘画、颜料填充、后面绘画、颜料选择、内部绘画

（2）标准擦除、擦除填色、擦除线条、擦除所选填充、内部擦除

（3）基本椭圆工具

（4）水龙头

3.判断题

（1）√　（2）×　（3）×　（4）√

4.上机操作题

（略）

第3章

1.填空题

（1）4、不封闭空隙、封闭小空隙、封闭中等空隙、封闭大空隙

（2）线性渐变填充、径向渐变填充

（3）3、贴紧至对象、贴紧对齐、贴紧至像素

2.判断题

（1）√　　（2）×

3.上机操作题

（略）

第4章

1.填空题

（1）选择工具、部分选择工具、套索工具

（2）任意变形工具

（3）套索工具

2.判断题

（1）×　　（2）√

3.上机操作题

（略）

第5章

1.填空题

（1）左对齐、居中对齐、右对齐、两端对齐

（2）两

2.判断题

（1）×　　（2）√　　（3）×

3.上机操作题

（略）

第6章

1.选择题

（1）C　　（2）B　　（3）D　　（4）B
（5）C

2.填空题

（1）空白帧

（2）横粗线

3.判断题

（1）×　　（2）√　　（3）×

4.上机操作题

（略）

第7章

1. 选择题

（1）A　　（2）D　　（3）D　　（4）B

2. 填空题

（1）弹起、指针经过、按下、点击

（2）无、亮度、色调、高级、Alpha

（3）点击

3. 判断题

（1）×　　（2）×　　（3）✓　　（4）×

4. 上机操作题

（略）

第8章

1. 选择题

（1）ABCD　　　　　（2）B

2. 填空题

（1）起始帧、结束帧

（2）普通引导层、运动引导层

（3）运动引导层

3. 判断题

（1）×　　（2）✓　　（3）×

4. 上机操作题

（略）

第9章

1. 填空题

（1）旋转、X平移、Y平移

（2）4、X轴、Y轴、Z轴、自由旋转控件

2. 判断题

（1）×　　（2）×

3. 上机操作题

（略）

第10章

1. 选择题

（1）A　　（2）A

2. 填空题

（1）手写、脚本助手

（2）loadMovieNum

3. 判断题

（1）×　　（2）✓

4. 上机操作题

（略）

第11章

1. 填空题

（1）变量、常量　　（2）左边、右边

（3）元件类

2. 判断题

（1）×　　（2）✓

第12章

1. 选择题

（1）C　　　　（2）A

2. 填空题

（1）Media、User Interface、Video

（2）ProgressBar

3. 判断题

（1）×　　　　（2）✓

4. 上机操作题

（略）

第13章

1. 填空题

（1）库

（2）ADPCM、MP3、Raw（原始）

（3）事件、开始、停止、数据流

2. 上机操作题

（略）

第14章

1. 选择题

（1）A　　　　（2）B

2. 填空题

（1）优化、测试　　（2）Ctrl+Alt+Enter

3. 判断题

（1）✓　　　　（2）×

4. 上机操作题

（略）